100 Vögel

Wolfgang Dreyer

Heimische Arten,
die man kennen sollte

KOSMOS

Warum man 100 Vögel kennen sollte

Wusssten Sie das?

Eine der erstaunlichsten Entwicklungen der Natur sind die Vogelfedern. Sie bestehen aus Keratin, einem Stoff, der sich aus Aminosäuren aufbaut. Eine Vogelfeder ist federleicht, Wasser abstoßend und widerstandsfähig. Sie isoliert, wärmt und wächst nach. Das Federkleid eines Höckerschwans besteht aus mehr als 25 000 Einzelfedern. Die Singdrossel hüllt sich in 3300 Federn und der Haussperling trägt 1400 dieser Wundergebilde auf dem Leib. Weil sich Federn mit der Zeit abnutzen, müssen sie ersetzt werden. Das Nachwachsen geschieht schrittweise, damit der Vogel flugfähig bleibt. Nur die schwereren Entenvögel brauchen zum Fliegen ein komplettes Federkleid und müssen während der Mauser etwa 28 Tage lang flugunfähig auf dem Wasser verbringen.

Fast schwerelos steht sie über dem Heck der Fähre im Wind. Ein kleiner Schwenk und schon fliegt die Silbermöwe eine Spirale hoch in den Himmel. Kurz darauf segelt sie wieder regungslos im Wind. Wer hat in diesen Momenten nicht schon mal geträumt, wie ein Vogel fliegen zu können? Viele haben es erfolglos versucht. Die Eroberung des Luftraumes gelang erst, als man begriff, was Vögeln den Auftrieb bringt: Es ist die gewölbte Form ihrer Flügel und ihre Leichtigkeit.

Weltweit gibt es über 9000 Vogelarten. Bei uns in Mitteleuropa leben etwa 230 Arten. Wir begegnen ihnen jeden Tag, freuen uns über ihre Lieder, bewundern ihre Farben und träumen sogar auf einem Kissen, gefüllt mit Gänsedaunen. Manchmal sind ihre Lebensgeschichten unseren ähnlich. Kein Wunder, dass Vogelbeobachtung eines der beliebtesten Hobbies von Naturliebhabern wurde.

Dieses Buch wendet sich an alle, die Lust haben, die häufigsten Vögel um uns zu entdecken. Vorkenntnisse sind dazu nicht notwendig. Zum leichten Auffinden sind die einzelnen Vogelarten fünf Lebensräumen zugeordnet, in denen sie sich am häufigsten aufhalten:

- Am Meer
- In Wäldern
- In Dorf und Stadt
- An Seen und Teichen
- In Feldern und Wiesen

Manchen Leser mag es erstaunen, dass beispielsweise die Lachmöwe in dem Kapitel „In Feldern und Wiesen“ aufgeführt ist. Aber dort hat man mittlerweile die größte Chance, unsere Binnenland-Möwe anzutreffen. In großen Schwärmen folgt sie viele Monate den Bauern bei der Feldarbeit, während sie am Teich nur kurze Zeit brütet. Wer beginnt, sich für Vögel zu interessieren, wird diese faszinierenden Tiere nicht mehr los. Die Freude an der Vogelbeobachtung bleibt für immer.

Die richtigen Begriffe

Vögel zu erkennen und richtig zu bestimmen ist meist sehr einfach. Ein Gimpel ist mit Farbe und Form genau so unverwechselbar wie ein Kiebitz. Schwieriger wird es schon bei den Singvögeln, die im Buschwerk leben. Manchmal verraten sie sich mit ihrem typischen Gesang. Manchmal jedoch kommt es auf einen hellen Streifen über dem Auge oder eine Flügelzeichnung an. Ich habe versucht, in diesem Buch auf Fachausdrücke weitgehend zu verzichten. Dennoch sollte man wissen, wo ein Vogel seinen Scheitel hat und welche Federn man als Armschwingen bezeichnet. Die Schemazeichnung erklärt die wichtigsten Begriffe.

Warum Vögel reisen

Keine andere Tiergruppe hat sich die Nahrungsquellen der Natur so gründlich erschlossen wie die Vögel. Weltweit gibt es kaum eine Pflanze oder ein Tier, das nicht irgendwann von Vögeln als Nahrung genutzt wird. Diese Wendigkeit ermöglichte es ihnen, alle Lebensräume der Erde zu erobern. Doch in unseren Breiten bezahlen sie einen hohen Preis dafür. Wenn im Winter keine Insekten verfügbar sind, müssen manche Arten weite Wege fliegen, um in warmen Gegenden bessere Lebensbedingungen zu finden. Manchmal genügt es aber auch, dem Winter nur ein wenig auszuweichen. Kiebitze ziehen oft entlang der Küsten nur ein Stück weit nach Süden. Aber andere Vögel sind erstaunliche Weitflieger. Mehlschwalben aus Dörfern an der Ostsee flogen 10 000 Kilometer bis nach Kapstadt, wie Wiederfunde beringter Vögel zeigten. Den Rekord hält wohl eine dänische Küstenseeschwalbe, die im Packeis der Antarktis wiederge-

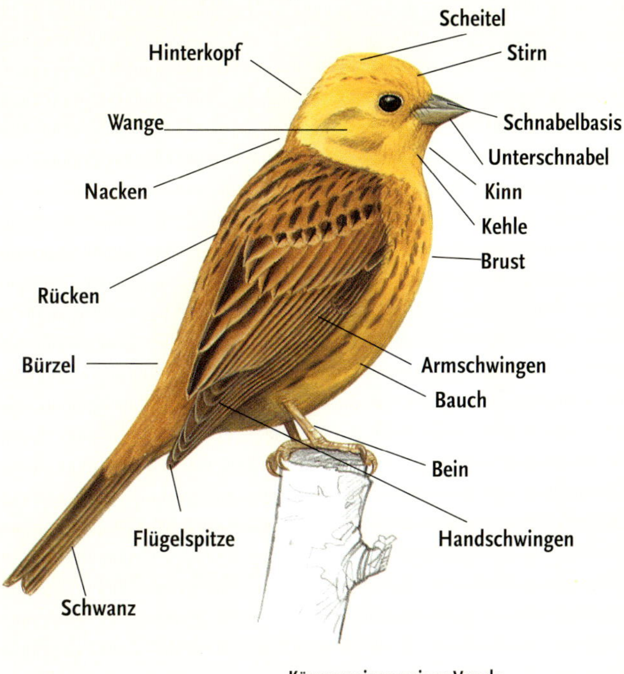

Körperregionen eines Vogels

Im Schwarm nach Süden. Viele Arten weichen dem Winter aus.

funden wurde. Sie bewies, dass Seeschwalben zweimal im Jahr 25 000 Kilometer weit fliegen. Auch andere erreichen beachtliche Rekorde. Ein Steinwälzer legte auf dem Zug innerhalb eines Tages die Strecke von 1044 Kilometern zurück, ein Kiebitz dagegen kam gerade 170 Kilometer weit.

Der Zug in die Stadt

Früchte und Beeren sind für viele Singvögel so etwas wie ein Glücksfall. Kurz vor der schlechten Jahreszeit bietet sich die Gelegenheit, mit den zuckerreichen Früchten die Fettreserven aufzufüllen. So fallen Amseln und Grasmücken über Holunderbeeren her, Gimpel suchen die roten Ebereschenfrüchte und Stare laben sich an Weintrauben. Die Früchte fressenden Vögel sind Nomaden. Sie ziehen umher auf der Suche nach

Unterschlupf in der Menschenburg. Turmfalken nehmen gerne Nisthilfen an.

günstigen Gelegenheiten. Längst sind sie in den Dörfern und Städten angekommen, weil unsere Gärten ein gut sortierter Früchtemarkt sind. Doch der Zug in die Stadt hat noch viele andere Vogelarten erfasst. Mittlerweile lebt etwa die Hälfte der mitteleuropäischen Arten in unseren Siedlungen. Für Turmfalken sind unsere Hochhäuser ideale Felsen zum Brüten und Kirchtürme bieten Schleiereulen ein ungestörtes Refugium. Für Rauchschwalben sind Pferdeställe ein Fliegenparadies und Sperlinge finden in Reithallen das, was früher auf der Straße lag.

Wo die Ernährungslage fast ganzjährig günstig ist, lässt es sich trefflich brüten. Viele Vogelarten bauen ihr Nest in unserer unmittelbaren Nähe. Oft sind es kuriose Neststandorte. Bei einer Untersuchung in Kiel fand ich schöne Beispiele: Viele Jahre lang brütete eine Amsel, durch eine weiße Schwanzfeder individuell erkennbar, auf dem Balkon im 11. Stockwerk. Sie hatte sich ausgerechnet den Blumenkasten von Frau Vogel ausgesucht. Von der Sitte, einen Türkranz als Haustürschmuck aufzuhängen, profitieren häufig die Zaunkönige. Ihr Backofennest passt haargenau in die Kranzmitte. Sie brüteten schon in Jackenärmeln, Fischernetzen, Lampenschalen oder Ofenrohren. Besonders treu war eine Stockente. Sieben Jahre lang kam sie im März vor die Haustüre einer Fischerin. Stellte diese ihren Einkaufskorb vor die Türe, brütete die Ente trotz regen Besucherverkehrs Jahr für Jahr im Korb. Ihre Küken wurden später darin zum Teich getragen.

Ente im Korb. Viele Jahre brütete diese Stockente auf der Haustreppe.

Vom Glück, das richtige Fernglas zu besitzen

Mein erstes Fernglas bekam ich mit sechs Jahren. Es war ein ausgedientes Armeeglas. Viel Freude hatte ich damit nicht. Im Laufe meines Biologenlebens habe ich über ein Dutzend Ferngläser verbraucht. Die meisten starben den Wassertod, weil sie mir in den Teich fielen oder bei Regen innen beschlugen. Seitdem suche ich nach dem idealen Fernglas und wurde fündig. Ich habe eine Neuentwicklung entdeckt, die viele Mängel von Gläsern der letzten Jahrzehnte auf einmal behebt. Mein ideales Fernglas ist stickstoffgefüllt und beschlägt deshalb nicht. Außerdem ist es absolut wasserdicht. Es liegt gut in der Hand und besitzt eine Innenfokussierung. Es knirscht also nicht mehr im Getriebe, wenn das Fernglas etwas Staub abbekommt. Am meisten achte ich auf optische Brillanz. Wenn schon die Augen im Laufe der Zeit nachlassen, dann muss die Optik mit höchster Qualität einsetzen. Kaum zu hoffen wagte ich auf die Lösung eines alten Wunsches, zwei Ferngläser in einem zu haben. Meistens genügt eine achtfache Vergrößerung. Man kann damit sehr schnell einen Vogel finden, weil

Der Autor mit dem LEICA DUOVID 8+12x42. Vogelbeobachtung macht nur mit bester Optik erst richtig Spaß.

Ein Spektiv wie das LEICA APO-TELE-VID 62 lässt die Faszination der Vögel aus nächster Nähe erleben.

das Gesichtsfeld schön groß ist. Dann aber möchte man mehr sehen und wünscht sich schnell ein Fernglas mit zwölffacher Vergrößerung.
Mein Wunsch ging in Erfüllung. Es gibt ein Fernglas, das sich von achtfacher auf zwölffache Vergrößerung im Bruchteil einer Sekunde verstellen lässt. Ich habe mich für diese ungewöhnliche Neuentwicklung der deutschen Firma LEICA entschieden und besitze nun das für mich ultimative Fernglas: das DUOVID 8+12x42.
Nicht überall lassen sich Vögel so nah beobachten wie im Garten oder im Wald. Die riesigen Schwärme von Knutts oder Alpenstrandläufern stehen meist weit draußen im Watt. Bei der Bestimmung kommt es aber auf jede Feder an. Aber wie an die Vögel herankommen, ohne den Schwarm bei der wichtigen Energieaufnahme zu stören? Für derartige Beobachtungen verwenden Profis ein Fernrohr, auch Spektiv genannt. Doch allzu oft war man es leid, ein Dreibeinstativ mit diesen langen Fernrohren darauf umherzutragen. Auch hier gibt es eine erstaunliche Neuentwicklung, die mir die Fernbeobachtung wieder schmackhaft gemacht hat. Ich fand das APO-TELEVID 62 von LEICA. Es ist viel kürzer als übliche Fernrohre, schön leicht, besitzt eine extrem hohe Schärfe und vergrößert bis 60fach.

Dabei bei der Brut

Wer noch näher am Vogelgeschehen in Park und Garten dabei sein möchte, kann den vielen Höhlenbrütern dieses Lebensraums einen Nistkasten bauen. Dabei bekommt jede Art ihr passendes Haus. Die Hausgröße ist bei den kleineren Singvögeln nicht entscheidend, wohl aber die Größe des Fluglochs. Der Hauseingang einer Blaumeise darf nicht größer als 26 mm sein, sonst wird die stärkere Kohlmeise zum Hausbesetzer. Diese braucht wie der Feldsperling ein 32 mm großes Schlupfloch. Spezielle Anforderungen stellen Gartenrotschwanz und Trauerschnäpper, sie lieben ovale Hauseingänge von 35 x 45 mm. Beim Nistkastenbau ist nicht sehr viel zu beachten. Aus Fichte, Kiefer oder Erle sollten die Bretter sein und etwa 2 cm dick. Die Größe des Vogelheims sollte etwa bei 18 x 24 x 27 cm liegen, Variationen vom schrägen Dach bis zur Rundform sind möglich. Nur eines ist wichtig: Ein gutes Vogelhaus hängt nach Osten zur Morgensonne hin.

Am Meer

Der Morgen kommt mit leisem Licht auf das Meer. Ein Krabbenkutter tuckert in die auflaufende Flut der Nordsee. Schwer zieht er seine Netze über den Boden, um kleine Garnelen zu fangen. Ein Schwarm Möwen folgt ihm, in der Gewissheit, beim Aufholen der Netze etwas von den Schätzen des Meeres mit ernten zu können.
Die Nordsee ist ein schwieriger Lebensraum für Vögel. Nur alle sechs Stunden öffnet sie ihre Schatzkammer und gibt den Boden frei. Bei Ebbe wimmelt es hier von Krebsen, Muscheln und Würmern. Dann landen Schwärme von Vögeln, die von weit her kommen.
Das Wattenmeer ist für die große Gruppe der Watvögel eine internationale Drehscheibe. Viele Arten brüten in der Arktis und brauchen auf dem Zugweg nach Süden dieses schier unerschöpfliche Reservoir an Kleintieren.
Kaum sechs Stunden später verschließt die Flut wieder das Watt mit einem Deckel aus Wasser. Dann müssen die Möwen wieder den kleinen Kuttern hinterherfliegen und auf das warten, was ihnen Menschen vom Fang übrig lassen. Vögel und wir brauchen das Meer.

Ringelgans
Branta bernicla

- Entenvögel
- G 55 – 60 cm
- Oktober – April

Merkmale

Kleine, dunkel wirkende Gans; Kopf, Hals, Schnabel, Brust und Beine schwarz; scharf abgesetzter heller Bauch; an beiden Halsseiten ein schmaler, weißer Fleck; Jungvögel ohne weißen Halsfleck.

Die Drehscheibe der Gänse

Von Oktober bis April halten sich riesige Gänsescharen im Wattenmeer der Nordsee auf. Bei Ebbe fallen die in langen Ketten fliegenden Vögel ins Watt zum Fressen ein. Bei Flut ziehen sie über die Salzwiesen der Halligen. Weithin sind ihre typischen Kontaktlaute „rott-rott-rott“ zu hören.

Es war die berühmte Nadel im Heuhaufen, die Kieler Biologen fanden. Sie beringten einige der **Ringelgänse** auf der Hamburger Hallig und folgten ihnen per Flugzeug bis nach Sibirien. Auf der russischen Taimyrhalbinsel begegneten sich Ringelgänse und Forscher erneut. Die beringten und wiedergefundenen Ringelgänse sind der Beweis dafür, dass das nordfriesische Wattenmeer eine internationale Drehscheibe des Vogelzuges ist. Ringelgänse betreiben ein regelrechtes Biotopmanagement, fand man in Holland heraus. Wenn sie eine Fläche beweiden, zupfen sie besonders gern den Strandwegerich. Dabei fressen sie aber nur etwa 35 Prozent der Pflanzen und ziehen dann weiter. Nach etwa fünf Tagen kehren die Gänse zurück. In der Zwischenzeit sind die Pflanzenteile in gleicher Menge nachgewachsen und sogar noch eiweißhaltiger.

Die bunte Gans vom Meer

Spaziergänger auf Sylt sind oft überrascht, wenn im Frühsommer eine bunte Gans mitten in den Dünen steht. Dieser Ganter hält Wache vor einer Kaninchenhöhle. Tief verborgen sitzt dort das Weibchen auf einem Dutzend Eier. Nach dem Schlüpfen geht es im Gänsemarsch zum Wasser.

Brandgans
Tadorna tadorna

- Entenvögel
- G 58 – 67 cm
- ganzjährig

Merkmale

Unverwechselbar durch die kontrastreiche Gefiederfärbung: Kopf und Hals grünschwarz, Körper schwarz und weiß, breites fuchsrotes Brustband; Männchen mit, Weibchen ohne Höcker an der Schnabelbasis.

Die **Brandgans** ist eine typische Meerente, obwohl sie mittlerweile auch schon im Binnenland zu sehen ist. Sobald das Wasser der Nordsee zur Ebbe abfließt, landen Brandgänse und durchseihen mit pendelnden Kopfbewegungen das flache Wasser. Manchmal trampeln sie auch auf der Stelle und schwemmen so Muscheln und Schnecken frei, die sie ganz verschlucken. Im Frühjahr versammeln sich viele Brandgänse zur gemeinsamen Balz. Dann kann der Vogelbeobachter Verfolgungsjagden sehen, Scheinputzen und Kopfschütteln. Der Familiensinn der Brandgänse ist ungewöhnlich: Während einige wenige Altvögel große Kükenscharen vieler Paare beaufsichtigen, ziehen deren Eltern zum Knechtsand vor der Wesermündung. Dort wechseln sie ihre Federn und kehren dann in ihr angestammtes Brutgebiet zurück.

Eiderente
Somateria mollissima

- **Entenvögel**
- **G 50 – 71 cm**
- **ganzjährig**

Merkmale

Große, massige Meeresente mit typisch abgeflachtem Kopfprofil und keilförmigem Schnabel; Männchen (Foto oben) im Brutkleid auffallend schwarz und weiß; Weibchen braun mit dichter, dunkler Bänderzeichnung.

Die Ente der Muschelbänke

Diese kräftige Meeresente mit dem dreieckigen Kopfprofil ist in Europa überall am Meer zu sehen. Wo große Gruppen auf den Wellen tanzen, gibt es sicher viele Miesmuscheln. Bis zu 6 m tief tauchen die Eiderenten auf der Suche nach ihrer Muschelbank.

Alljährlich um den 20. April ist auf der Nordseeinsel Amrum ein Naturspektakel zu sehen. Dann treffen sich in der Bucht von Wittdün mehr als 5000 **Eiderenten** und balzen. Zwei Wochen später wandern sie paarweise in die Dünen. Die Ente scharrt eine Mulde und legt das erste Ei. Das scheint das Signal für den Erpel zu sein, sich für immer aus dem Staub zu machen. Nach der Eiablage zupft sich die Ente ihre Dunenfedern aus. Sorgfältig wattiert sie damit ihr Nest. Die brütende Ente verlässt es nur selten. Sogar Spaziergänger lässt sie nur wenige Dezimeter entfernt vorbeigehen, ohne sich zu rühren. Wenige Minuten nach dem Schlüpfen führt sie ihre Jungen zum Meer, auf Amrum nicht selten durch die Dorfstraße. Die führenden Weibchen bewachen auf dem Meer große Kindergärten aus Hunderten von Küken.

Kein Ostseespaziergang ohne Säger

Wohl nirgends kann man dem stockentengroßen Säger mit dem langen, schlanken Schnabel so nahe bei der Unterwasserjagd zusehen wie in den Ostseehäfen. Hier tauchen sie unter den Yachten durch und jagen Stichlinge. Im klaren Wasser sind sie wie in einem Aquarium zu sehen.

Mittelsäger
Mergus serrator

- Entenvögel
- G 52 – 58 cm
- ganzjährig

Merkmale

Mit seinem abstehenden Federschopf am Hinterkopf und dem roten, schmalen Schnabel unverwechselbar; Männchen mit grünschwarzem Kopf, weißem Halsring und braunem Brustband; Weibchen mit braunem Kopf.

Der **Mittelsäger** hat sich die Küste als Lebensraum ausgesucht. Dort schwimmt er sommers wie winters als Paar entlang seichter Ufer. Wie alle Säger hat er geringe Ansprüche an ein Nest. Das Weibchen legt rund ein Dutzend Eier einfach ins Heidekraut oder in den blanken Dünensand. Es muss nur dicht am Wasser liegen, damit die geschlüpften Küken einen kurzen Weg zu ihrem Lebenselement haben. Manche Mütter verlassen ihre Küken kurz nach der Geburt. Diese werden dann von einem anderen Sägerweibchen adoptiert. Vom ersten Tag an können die Jungen schwimmen und tauchen und fangen ihre Fische selbst. Als bewährte Anpassung an diese Lebensweise tragen Säger im Schnabel beiderseits kleine Zahnleisten mit rückwärts gerichteten Zähnchen. So können sie jeden noch so glatten Fisch festhalten. Vor dem Verschlucken wird der Fisch so gedreht, dass er mit dem Kopf voraus in den Schlund gleitet.

Austernfischer
Haematopus ostralegus

- Watvögel
- G 40 – 46 cm
- ganzjährig

Merkmale
Charaktervogel vieler Küsten; groß, kräftig, mit langem rotem, seitlich etwas zusammengedrücktem Schnabel und roten Beinen; Gefieder auffällig schwarz-weiß; im Flug breite weiße Flügelbinde sichtbar.

Immer laut und aufgeregt

Sie rufen im Frühling, Sommer, Herbst und Winter, bei Tag und Nacht, im Flug und im Stehen. Die Triller der Küste sind ihr Markenzeichen. Stehen mehrere Austernfischer zusammen, senken sie die Köpfe, drehen sich im Kreis und trillern. Das hält die Gruppe zusammen.

Austern sucht der **Austernfischer** nicht, wohl aber Mies- und Herzmuscheln. Deren Schalen öffnen die Vögel auf unterschiedliche Weise. Der Typ „Hämmerer“ schlägt seine Schnabelspitze auf die dünnste Stelle der Muschel, dort wo der Schließmuskel sitzt. Die Muschel ergibt sich und öffnet ihr Haus. Diese schnelle Methode fordert jedoch Tribut. Bald werden die Hammerschnäbel stumpf. Der „Dolchtyp“ überrascht die Muschel mit Schnelligkeit. Blitzartig stößt er mit dem Schnabel in die Atemöffnung und durchtrennt den Schließmuskel. Doch manchmal ist die Muschel schneller. Dann fliegt der Austernfischer stundenlang mit einer Schnabelklammer übers Watt. Die dritte Möglichkeit, sich zu ernähren, ist risikoärmer und etwas für alternde Vögel: Sie stochern Wattwürmer aus dem Schlick.

Wozu braucht man einen Bogenschnabel?

Wer diesen eleganten Vogel sehen möchte, muss sich entweder für den Neusiedler See oder für die Küsten Schleswig-Holsteins entscheiden. Dort finden diese Watvögel flache Salz- und Brackwasserbereiche, um mit ihrem Schnabel den Schlick nach Kleintieren zu durchseihen.

Säbelschnäbler
Recurvirostra avosetta

- Watvögel
- G 42 – 45 cm
- April – Oktober

Merkmale

Der einzige große Watvogel mit stark aufwärts gebogenem Schnabel; Gefieder überwiegend weiß, schwarze Partien an Oberkopf und hinterem Hals; lange graublaue Beine, die im Flug den Schwanz weit überragen.

Richtig Fuß zu fassen, das gelang dem schwarz-weißen **Säbelschnäbler** an der Nordseeküste noch nicht. Zu oft werden die vier Eier in der flachen Nestmulde bei Hochwasser überschwemmt. Nur wenn die Säbelschnäbler höher in den Dünen brüten, haben sie eine Überlebenschance. Nicht selten brüten sie in Kolonien und zeigen im Frühjahr ein merkwürdiges Verhalten, das der Auslese von brutgeeigneten Paaren dient: Ein Trupp von mehreren Vögeln stellt sich ringförmig auf, wobei die Schnäbel nach innen zeigen. Dann tun sie so, als würden sie mit dem Schnabel etwas zum Mittelpunkt schieben. Das geht so lange, bis einzelne Tiere flüchten. Im Schutzgebiet Katinger Watt bei Tönning/Nordsee gibt es zwei, in einen Wall eingelassene Versteckhäuser, aus denen jeder Interessierte Säbelschnäbler aus nächster Nähe beobachten kann.

Sandregenpfeifer
Charadrius hiaticula

- Watvögel
- G 18 – 20 cm
- März – Oktober

Merkmale
Kleiner Watvogel, der mit schnellen Schritten über den Strand läuft; Altvögel mit brauner Oberseite, schwarzem Brustband und typischer Kopfzeichnung; Beine gelborange; Schnabel gelb mit schwarzer Spitze.

Der Renner vom Sand

Dieser Vogel strahlt Hektik aus. Er rennt so schnell am Sandstrand entlang, dass man seine Beine kaum noch sieht. Dann bleibt er ruckartig stehen, knickst einmal, fliegt ein Stück, landet und rennt. Sandige Küsten sind seine Arena. Im Binnenland lebt der Flussregenpfeifer auf ähnliche Art und Weise.

Der lerchengroße **Sandregenpfeifer** ist ein Schauspieler. Für jeden Zweck hat er eine bestimmte Geste. Gilt es im Frühjahr das Revier zu markieren, fliegt er plötzlich wie in Zeitlupe. Im Flug wirft er sich von einer Seite auf die andere und zeigt mal die weiße Unterseite und dann wieder das braune Rückengefieder. Landet ein Weibchen, rennt er zu einem Stein oder angetriebenen Holzstück und dreht mit der Brust im Sand mehrere kleine Mulden. Dann breitet er seine Flügel aus, spreizt den Schwanz zu einem Fächer und stellt sich wie ein Sonnenschirm über eine Mulde. Findet das Weibchen dieses Schauspiel gut, legt es Muscheln oder Steine in die Mulde. Damit ist der Neststandort akzeptiert. Kommt jetzt ein Fuchs, spielen beide Vögel ihm vor, sie seien flügellahm. Folgt der Räuber dieser vermeintlich leichten Beute, fliegen die Vögel schnell auf. So locken sie den Fuchs oder andere Räuber weg von ihren Jungen.

Wer macht den Doppelstich ins Watt?

Bei Ebbe ist der Meeresboden wie ein Buch. Jeder Vogel hinterlässt hier seine Spuren, die sich klar abdrücken und die man lesen kann. Für Doppelpunkte vor einem Fußabdruck ist ein Strandläufer verantwortlich. Er sticht mit geöffnetem Schnabel in den Schlick.

Alpenstrandläufer
Calidris alpina

- Watvögel
- G 16 – 22 cm
- Juli – März

Merkmale
Häufigster Strandläufer Europas; Geschlechter gleich; Oberseite rostbraun und schwarz gemustert; Unterseite zur Brutzeit mit großem schwarzem Bauchfleck; im Ruhekleid graubraun ohne Bauchfleck.

Der **Alpenstrandläufer** brütet in der arktischen Tundra und im grünen Marschland der Küsten. Warum Carl von Linné ihn dennoch Alpenstrandläufer nannte, kann man nur vermuten. Vielleicht, weil dieser Vogel auf dem Zug auch an schwedischen Bergseen zu sehen ist. Schon Mitte Juli kommen die Vögel aus dem Norden zurück in das norddeutsche Wattenmeer. Dann tragen sie noch den schwarzen Bauch ihrer Brutzeit. Erst allmählich bildet sich das graubraune Ruhekleid aus. Dann sind Alpenstrandläufer unterseits weiß. Voller Bewunderung sieht man im Herbst und Winter riesige Schwärme wie dunkle Wolken fliegen. Wenn die Vögel plötzlich wenden, wird die Wolke weiß. Dieses eindrucksvolle Schauspiel schneller Bewegung ist nur möglich, weil Vögel dreimal schneller sehen und reagieren als wir Menschen. Oft fliegen in den Schwärmen auch andere Strandläufer-Arten mit. Es wurden sogar schon Schwärme von bis zu 300 000 Vögel beobachtet.

Sanderling
Calidris alba

- Watvögel
- G 20 – 21 cm
- ganzjährig

Merkmale
Kleiner, im Ruhekleid heller Strandläufer mit geradem schwarzem Schnabel und schwarzen Beinen; im Brutkleid Oberseite, Kopf und Hals rostbraun mit dunkler Musterung, Unterseite reinweiß.

Schneller als jede Welle

Jede Welle bringt etwas mit. Ein paar Tangfliegen, ein Stück Muschelfleisch oder einen kleinen Krebs. Wenn der kleine Strandläufer unglaublich schnell am Meeressaum entlangrennt, serviert ihm das Meer seine Leckerbissen direkt vor den Schnabel. Geschickt pickt er zu, ohne nass zu werden.

Der **Sanderling** kennt Meerwanderer ganz genau und diese ihn. Beide schlendern zu gerne am Meer entlang, der Sanderling immer mit ein paar Metern Vorsprung. Scheu ist er nicht, der helle Vogel mit dem schwarzen Schnabel und den pechschwarzen Beinen. Eigentlich müsste er längst weg sein und in der Tundra brüten. Aber einige bleiben im Sommer an der Nordsee und rennen an der Flutlinie entlang. Die übrigen brüten in der Arktis und ziehen meist zwei Bruten sehr schnell hoch. Schon mit 18 Tagen sind die Jungvögel flugfähig. Im August fliegen dann die elterlichen Brüter aus der Arktis nach Süden und bilden hier schon größere Laufgruppen. Dabei führen sie laufend Selbstgespräche in Form von „plit-plit-plit"-Rufen. Die Jungtiere kommen erst im Oktober nach. Manchmal ziehen sie sogar bis in die Tropen.

Familientreffen in Norddeutschland

Sie kommen aus Grönland oder Sibirien. Jedes Jahr treffen sie sich in den Wattgebieten der Nordsee und laden ihre Energiespeicher auf. Von hier geht es gemeinsam Richtung Dakar und bis nach Kapstadt. Das norddeutsche Wattenmeer gibt ihnen die Kraft für den Langstreckenflug.

Knutt
Calidris canutus

- **Watvögel**
- **G 23 – 25 cm**
- **Oktober – April**

Merkmale
Kurzbeiniger Watvogel; fliegt oft in dichten Schwärmen, die dabei synchrone Schwenks vollführen, über den Strand; im Brutkleid rostbrauner Bauch, helle Oberseite mit dunkler Musterung; im Ruhekleid hellgrau.

Knutt kommt von „wut". So ähnlich klingt ein nasaler Laut, den die geselligen Vögel im Flug äußern. Der Knutt nistet in der Moostundra der Arktis mitten auf einem Teppich von Silberwurz. Diese charakteristische Kältepflanze überdeckte nach der Eiszeit auch weite Gebiete Deutschlands. Die Insekten des arktischen Sommers bieten diesem drosselgroßen Strandläufer nicht immer gute Nahrungsbedingungen, wie es die riesigen Trupps vermuten lassen. Aber die Einzugsgebiete der nordamerikanischen und nordasiatischen Tundra sind gewaltig groß. Und alle Knutts sammeln sich auf dem Südzug an der Nordsee. Es ist kaum vorstellbar, welche weltumspannende Bedeutung diese Schlickflächen besitzen. Allerdings öffnet der reich sortierte „Laden der Meeresfrüchte" nur alle sechs Stunden bei Ebbe und alle richten sich danach.

Der Schönste gewinnt

Unauffällig ziehen kleine Trupps von Kampfläufern, oft zusammen mit Kiebitzen, durch das Land. Sie landen auf Schlamm- und Schlickflächen, an Klärbecken oder in abgelassenen Fischteichen. Nur einmal im Jahr sind sie aufgeputzt wie die buntesten Kampfhähne.

Kampfläufer
Philomachus pugnax

Schnepfen
G 20 – 32 cm
März – September

Merkmale
Männchen zur Brutzeit mit auffälliger Halskrause und Haube; nackte, warzige Gesichtshaut; Beine orange; Weibchen deutlich kleiner als das Männchen und viel unauffälliger gefärbt; eindrucksvolle Gruppenbalz der Männchen.

Der **Kampfläufer** trägt seinen Namen nur einmal im Jahr zu Recht. Zur Brutzeit bekommen die Männchen einen mächtigen Halskragen. Manchmal ist er weiß, manchmal braunschwarz gemustert oder auch glänzend schwarz. Dann sehen sie aus, als hätten sie sich einen dicken Federkragen zugelegt. An den Brutplätzen treffen sich die Männchen täglich bei Morgendämmerung und rennen mit aufgerichteter Halskrause, mit Haubenfedern und mit halb geöffneten Flügeln umher. Geraten sich zwei in die Quere, beginnt ein heftiger Kampf. Federn fliegen, bis einer der beiden demütig knickst. Dann kehren sie wieder auf ihre Zuschauerplätze zurück. Der stärkste Hahn darf die Weibchen begatten. Nur die Kampfläufer mit dem weißen Brustgefieder werden abgedrängt. Sie kommen nur bei Weibchenüberschuss zum Zug und werden „Satellitenmännchen“ genannt, weil sie die Gruppe umkreisen.

Großer Brachvogel
Numenius arquata

- Schnepfen
- G 50 – 60 cm
- ganzjährig

Merkmale
Großer Watvogel mit langem, abwärts gebogenem Schnabel; Weibchen größer als die Männchen und auch mit längerem Schnabel; Geschlechter sonst gleich: graubraunes Gefieder mit Strichen und Flecken.

Vom Vorteil, einen langen Schnabel zu haben

Je größer die Sandklaffmuschel wird, desto tiefer wandert sie in den Boden des Watts. Nur der Große Brachvogel kann sie dann noch mit seinem langen, gebogenen Schnabel aus der Tiefe holen. Damit gewinnt er eine große Portion Nahrung statt vieler kleiner.

Auch der **Große Brachvogel** ist im Winter gezwungen, die schier unerschöpflichen Nahrungsmengen der Wattflächen zu nutzen. Oft kann man ihn bei Flut an der Küste der Nordseeinseln beobachten, wenn er direkt neben der Straße nach Regenwürmern stochert. Besonders haben es ihm von Wühlmäusen durchpflügte Stellen angetan. Dort steckt er seinen langen Schnabel bis zum Ansatz in den lockeren Boden. Dann sieht man ihn wieder bei Ebbe im Watt stochern. Früher gehörte der Brachvogel mit seinem melancholisch fragenden „tlüiid“ zu jeder moorigen Gegend. Viele Niedermoore und Feuchtwiesen wurden jedoch trocken gelegt. Manchmal konnte dieser Schnepfenvogel dann auf bewirtschaftetes Grünland ausweichen. Aber dann vertrieb ihn die frühe Mahd auch von dort. So flötet er heute fast nur noch am Meer.

Von Grönland bis in die Südsee dreht er alles um

Häufig ist er nicht gerade. Doch im Flug fällt er wegen seines bunt gemusterten Gefieders sofort auf. Auch bei der Futtersuche ist er einmalig. Im schnellen Lauf dreht der Vogel immer wieder Muscheln, Steinchen, Tang und Treibgut um und pickt die verborgenen Tiere auf.

Den **Steinwälzer** in seiner persönlichen Beobachtungsliste zu haben, ist etwas ganz Besonderes. Dieser Vogel vollbringt Jahr für Jahr unglaubliche Flugleistungen. Er gehört zu den am nördlichsten brütenden Vogelarten und wandert bis nach Neuseeland oder zu den Südsee-Inseln. Das bedeutet jährlich fast eine Erdumrundung für den nur 23 cm großen Vogel. Mit Vorliebe sitzt der Steinwälzer als Durchzügler an felsigen und steinigen Stellen der Küste. Und da Hafeneinfahrten, Molen oder Inselränder oft mit Felsbrocken befestigt sind, ist er dort zu finden. Bei dieser spannenden Suche hilft nur ein wetterfestes Spektiv mit guter Vergrößerung. Damit sollte es jährlich einmal gelingen, diesen Vogel auf seinem Weg von der Arktis bis in die Südsee bei uns beobachten zu können.

Steinwälzer
Arenaria interpres

- Schnepfen
- G 21 – 25 cm
- Oktober – April

Merkmale
Gedrungener, kurzbeiniger und kurzschnäbliger Watvogel mit charakteristischer schwarz-weißer Kopfzeichnung, schwarzem Latz, weißer Unterseite, rostbraun und schwarz gemusterter Oberseite.

Vogelwolken aus Skandinavien

Wer einmal richtig viele Pfuhlschnepfen in seinem Fernglas haben möchte, der muss Mitte August das Rantrumbecken auf Sylt oder den Kniepsand auf Amrum besuchen. Dort gibt es Pfuhlschnepfen nur wolkenweise zu sehen.

Pfuhlschnepfe
Limosa lapponica

- **Schnepfen**
- **G 37 – 41 cm**
- **ganzjährig**

Merkmale
Schnepfe mit langem, leicht aufwärts gebogenem Schnabel; Weibchen größer als Männchen; zur Brutzeit Männchen an Kopf, Hals und Unterseite intensiv rostbraun, auf dem Rücken mit schwarzen Flecken; Weibchen ockerfarben.

Das Land an der Küste hat viele Bereiche. Das Watt hat sandige und schlammige Zonen – zum Land hin türmen sich Dünen auf, dann folgen Salzwiesen im Vorland und schließlich das grüne Marschland. Die bräunlichen **Pfuhlschnepfen** haben sich die sandigen Zonen des Watts ausgesucht. Dort stehen sie immer in ungeheuer großen Gruppen. Denn im sandigen Watt versiegt die Ansammlung kleiner Muscheln, Schnecken und Krebstiere zu keiner Jahreszeit. Im Sommer nisten Pfuhlschnepfen in Skandinavien in ausgedehnten Mooren und Zwergstrauchzonen. Ihre Nester schmücken sie oft mit den Blättern der Zwergbirke. Im Herbst fliegen sie nach West- oder Ostafrika zum Überwintern. Doch seit unsere Winter milder werden, bleiben sie oft zwischen Ameland, Borkum, Norderney oder Amrum hängen und können hier gut leben. Es sind vor allem die Ringelwürmer, Krebse und Schnecken des Meeres, die diese Vögel mit dem langen Schnabel ernähren.

Der Wächter der Küste

Oft überschauen sie ihr Revier von einem Koppelpfahl. Schon bei der kleinsten Störung in ihrem Brutrevier fliegen die Altvögel laut rufend umher. Fast herzzerreißend schreien sie, um die Aufmerksamkeit auf sich zu lenken. Ist die Störung vorbei, sind sie wieder stumm.

Dem **Rotschenkel** schauten Forscher schon oft auf den Schnabel. Dabei zeigte sich, dass er ein Feinschmecker ist. Er frisst besonders gern den kleinen Wattkrebs *Corophium*, gelegentlich auch den Wattwurm *Nereis*. Dieser enthält doppelt soviel Kalorien wie der Krebs, doch dem Rotschenkel scheint das egal zu sein. Denn, wo immer er den Wattkrebs erreichen kann, zieht er ihn aus dem Boden. Doch ganz so festgelegt auf eine einseitige Kost scheinen Rotschenkel auch wieder nicht zu sein. Auf dem Zug nach Süden ernähren sie sich auch von Würmern, Schnecken, kleinen Fischen und Fröschen. Für den Beobachter hat der Rotschenkel neben seinen roten Beinen und dem melodischen Flötenruf „djüü“ noch ein sehr typisches Merkmal parat: Nach dem Landen lässt er häufig noch eine Weile die Flügel hoch gestreckt. Dann leuchten seine weißen Federn.

Rotschenkel
Tringa totanus

- **Schnepfen**
- **G 27 – 29 cm**
- **März – Oktober**

Merkmale

Typisch die leuchtend roten Beine und der nur im Flug sichtbare, breite, weiße Flügelhinterrand; Geschlechter gleich; überwiegend graubraunes Gefieder mit dunklen Flecken und Strichen auf Ober- und Unterseite.

Nie mit schwarzem Kopf

In Norwegen brütet sie an Bergseen, in Schottland im Binnenland, bei uns hauptsächlich an der Küste auf frischen Sanddünen, die der Sturm frisch aufgetürmt hat. Die Sturmmöwe folgt dem Pflug und lässt sich in den Städten füttern. Oft tritt sie gemeinsam mit der Lachmöwe auf. Doch ihr Kopf ist immer reinweiß.

Sturmmöwe
Larus canus

- Möwen
- G 40 – 42 cm
- ganzjährig

Merkmale

Sieht aus wie eine kleine Silbermöwe; weißer Kopf, gelber Schnabel ohne roten Schnabelfleck, dunkle Augen, gründgelbe Füße, schwarze Flügelspitzen mit weißen Flecken; Jungvögel oben bräunlich gemustert.

Das Lied „Kleine Möwe flieg' nach Helgoland" ist wohl der **Sturmmöwe** gewidmet. Keine andere ist so zutraulich, fliegt so weit aufs Meer hinaus, zeigt diesen mühelosen Flug und ist doch nicht so aufdringlich wie die Lachmöwe. Noch vor wenigen Jahrzehnten waren die Sturmmöwen recht selten. Doch die Vögel haben von den weit anpassungsfähigeren Lach- und Silbermöwen gelernt, menschliche Abfälle zu nutzen oder sich füttern zu lassen. Aus diesen Gründen hat sie im Ostseeraum stark zugenommen. Und noch weitere Eigenschaften ihrer Verwandten hat sie angenommen: Auf den Nordseeinseln brütet sie schon auf Dächern und Schornsteinen oder wartet hinter dem Restaurant auf Speiseabfälle. Nach dänischen Untersuchungen bleiben im Winter nur 20 Prozent der Vögel an der Küste. Der Großteil wandert ins Binnenland.

Silbermöwe
Larus argentatus

- Möwen
- G 56 – 64 cm
- ganzjährig

Merkmale

Die häufigste Großmöwe an unseren Küsten; Gefieder weiß bis auf die blaugrauen Oberflügel und die schwarzen Flügelspitzen; Schnabel kräftig, gelb, mit rotem Punkt; Augen gelb; Füße fleischfarben.

Die Stimmen der Häfen

Kein Hafen ohne die klagenden Schreie der Silbermöwen. Kein Poller, den sie nicht lautstark verteidigen. Manchmal miauen sie wie Katzen und manchmal lachen sie wie der Klabautermann. Und immer teilen sie sich Aufregungen mit. Sie sind die Stimmen der Häfen und Schiffe.

Wenn der Fischer auf dem Kutter seinen Fang filettiert und Kopf und Gräten über Bord wirft, klatschen die großen Möwen aufs Wasser. Laut streiten sie sich um die Beute. Die **Silbermöwe** ist sehr anpassungsfähig und hat schnell erkannt, wo Nahrungsquellen in Menschennähe sprudeln. Sie folgt den Schiffen, belagert Müllkippen oder sucht auf frisch gepflügten Äckern nach Kleintieren. Nicht selten spezialisieren sie sich darauf, Watvögeln die Nester leer zu räumen. Silbermöwen sind erst mit vier Jahren reif zum Brüten. Dann erst tragen sie den gelben Schnabel mit dem roten Brutfleck. Das Alter der jugendlichen Möwen lässt sich leicht feststellen: Die ganz jungen (Foto links unten) sind noch graufedrig und werden mit jedem Jahr heller. Und das Gelb im Schnabel nimmt Jahr für Jahr zu.

Nahe verwandt und doch zu trennen

Im Winter lässt sich die Heringsmöwe in Europa nur selten sehen. Dann lebt die wanderfreudige Großmöwe an den tropischen Küsten Westafrikas. Sie ist nahe verwandt mit der Silbermöwe. Doch ihre Oberflügel und Rückenpartien sind viel dunkler. Ob sie sich vermischen?

Heringsmöwe
Larus fuscus

- Möwen
- G 53 – 60 cm
- März – Oktober

Merkmale
Rücken und Flügeloberseite dunkel schiefergrau bis fast schwarz; Beine gelb, Schnabel gelb, roter Unterschnabelfleck; Geschlechter gleich; Jungvögel bräunlich gefleckt, erst im 4. Lebensjahr ausgefärbt.

Am 10. Mai beim Vogelwart. Wir stehen auf der Beobachtungsplattform zwischen den Dünen von Sylt oder Amrum und schauen in das Dünental. Zwischen dem Grün des Strandhafers und dem Grau freier Sandflächen sind überall weiße Möwen zu sehen. Rund 800 Exemplare sitzen hier auf ihren Eiern. Schon bald erkennen wir am Rand der Kolonie Möwen mit dunkleren Flügeln. Es sind **Heringsmöwen**. Sie werden von den stärkeren Silbermöwen an den Rand der Kolonie gedrängt. Ihre Nester liegen fast schon in den Kriechweiden, die den Sand einst festlegten. Die Heringsmöwen beginnen gerade erst mit der Eiablage und gelegentlich sind auch noch die Verbeugungen zweier Partner zu sehen. Kurz darauf fliegt das Männchen hinaus auf das weite Meer, um dort zu fischen. Es wird erst gegen Abend mit dem vollen Schlund zurückkehren.

Dreizehenmöwe
Larus tridactylus

- Möwen
- G 38 – 40 cm
- April – Juli

Merkmale
Nur wenig größer als eine Lachmöwe, aber mit deutlich größerem Körper und längeren Flügeln; im Sommer mit weißem Kopf, grauer Oberseite und schwarzen Füßen; Altvögel mit schwarzen Flügelspitzen.

Am Felsen der 1000 Möwen

Um 1800 brütete diese Hochseemöwe schon einmal auf Helgoland. Dann fehlte sie 150 Jahre lang. Heute brüten mehr als 5000 auf dem senkrechten Felsen der Kleinen und Langen Anna. Es ist ihr einziger Brutplatz in Mitteleuropa.

Der Lärm ist ohrenbetäubend und hallt aus der Felsspalte zum Weg hinauf. Kaum 20 m weit weg sitzen die **Dreizehenmöwen** dicht an dicht auf schmalen Bändern und Simsen. Erstaunlich, wie sich hier zwei Eier in einem Nest halten können. Beide Partner bauten aus Tang, Schlamm und Kot ein flaches Nest, das beim Trocknen steinhart wird. Mit dem Kopf zum Felsen sitzen die brütenden Weibchen. Oft ragen ihre Schwanzspieße weit über den Abgrund. Mit ausgestreckten Schwimmbeinen fliegen die Tiere herbei und landen punktgenau auf ihrem Nest. Die Jungen holen sich ihre Nahrung aus dem scharlachroten Schlund der Altvögel. Meist sind es kleine Fische, denn Dreizehenmöwen sind Hochseevögel, die einzigen in der Möwenfamilie. Manchmal fliegen sie bis zu 100 km weit aufs Meer. Diese Felsenbrüter ziehen allmählich in Menschennähe. In Norwegen nisten sie sogar auf Fenstersimsen. Außerhalb der Brutzeit sind Dreizehenmöwen Hochseevögel, die nur gelegentlich Häfen und Buchten aufsuchen.

Sie zieht uns den Scheitel nach

Um diesen Vogel macht sich ein Vogelwart auf den nordfriesischen Inseln wenig Sorgen. Obwohl hier die größten Brutkolonien Europas liegen, sind die Bodengelege vor Spaziergängern gut geschützt. Betritt jemand das Brutrevier, zieht ihm der Vogel mit scharfem Schnabel den Scheitel nach.

Küstenseeschwalbe
Sterna paradisaea

- Seeschwalben
- G 33 – 38 cm
- April – August

Merkmale

Typisch für diese Seeschwalbe sind der einheitlich rote Schnabel und die roten Beine; tief gegabelter Schwanz mit langen Schwanzspießen; Flug fast schwerelos.

Das Tagebuch der **Küstenseeschwalbe** ist voller Termine. Mai: Brut in der Arktis. August: Abflug ins Winterquartier. Ziel Antarktis. Entfernung 15 000 Kilometer. Dort ist es gerade Sommer. März: Zurück Richtung Norden. Wieder 15 000 Kilometer. Die Küstenseeschwalben gehören zu den ausdauerndsten Fliegern in der Vogelwelt. Der Flug des gerade mal 120 g wiegenden Vogels ist elegant und wirkt schwerelos. Wahrscheinlich gelingen den Vögeln diese Leistungen nur, weil sie auf dem Meer rasten und Krillkrebse von der Oberfläche fischen können. Diese Kleinkrebse gibt es in polaren Gewässern in großen Mengen. Im Wattenmeer sind es dann oft kleine Fische, die im Flug gesichtet und elegant von der Oberfläche gefischt werden. Oft nehmen Küstenseeschwalben bei Ebbe auch Krebse direkt vom Wattboden.

Zwergseeschwalbe
Sterna albifrons

- Seeschwalben
- G 22 – 24 cm
- April – Oktober

Merkmale
Die kleinste Seeschwalbe; rüttelt vor dem Stoßtauchen; leicht zu erkennen an dem gelben Schnabel mit schwarzer Spitze und der vom schwarzen Scheitel und Augenstreifen scharf abgesetzten weißen Stirn.

Die Stoßtaucherin hinter der Fähre

Mächtig strudeln die Fähren zu den friesischen Inseln das Meer auf. Kurz vor dem Anlegen stehen blitzweiße Seeschwalben rüttelnd über dem Heck. Kopf und Schnabel nach unten gebeugt stößt der Vogel ins Wasser und fängt einen silbrig glänzenden Fisch.

Die **Zwergseeschwalbe** ist oft der erste Vogel, den der Meeresurlauber zu Gesicht bekommt. Und auch der letzte, wenn die Fähre wieder ablegt. Dazwischen sind die kleinsten Seeschwalben Europas wie vom Erdboden verschluckt. Höchstens an den streng abgesperrten Stränden mit Kiesgeröll oder Muschelschill ist ihr scharfes „kitt-kitt“ zu hören. Dort liegen die noch wenigen vorhandenen Kolonien der gesellig brütenden Zwergseeschwalben. Aber selbst von den Sperrschildern sind es oft nur 20 m bis zu den Nestern. Ohne zu stören lässt sich von hier die Beuteübergabe beobachten. Wenn sich Seeschwalben bei der Brut auf dem nackten Boden ablösen, bringen sie sich ein Fischlein mit. Wer jetzt Verbote missachten würde, der zerträte ganz sicher die hervorragend getarnten Gelege.

Der „Pinguin“ des Nordens

Pinguine leben ausschließlich auf der Südhalbkugel der Erde. Doch im Norden gibt es eine Vogelfamilie, die ähnlich aussieht, sich ähnlich bewegt, aber überhaupt nicht mit ihnen verwandt ist. Es sind flugfähige Alken, die steile Vogelfelsen bewohnen. Die einzige deutsche Kolonie liegt auf Helgoland.

Trottellumme
Uria aalge

- Alken
- G 38 – 43 cm
- April – Juli

Merkmale

Entengroßer Küstenvogel, der in aufrechter Haltung sitzt; im Prachtkleid Kopf, Hals, und Oberseite schwarz, Unterseite weiß; im Ruhekleid Wangen, Kehle und Vorderhals ebenfalls weiß.

Winzig ist der Felsvorsprung an der Kleinen Anna und doch liegt dort ihr einziges Ei fest und sicher. Der eine Pol ist spitz, der andere sehr rund. Und landet eine **Trottellumme**, rollt das Ei höchstens ein Stück näher zur Wand. Dicht bei dicht sitzen die brütenden Lummen und rufen sich ein miauendes „jau“ zu. Das sagen die Helgoländer auch gerne und meinen damit, alles sei in Ordnung. Untersuchungen ergaben, dass Lummen weniger Eiverluste durch Möwen haben, wenn sie sehr dicht zusammen brüten und ihre Nester gegenseitig verteidigen. Schon Tage vor dem Schlupf lernen die Eltern ihr Kind an der Piepsstimme im Ei persönlich kennen. Im Alter von 16 Tagen stürzen sich die Jungen in die Tiefe. Die meisten überleben diesen Lummensprung. Ihr Brustkorb ist besonders elastisch gebaut und federt den Stoß ab.

In Wäldern

Wie kleine Federknäuel sitzen junge Schwanzmeisen auf einem Zweig und sperren ihre Schnäbel auf. Manchmal ein Dutzend nebeneinander. Was wir als niedlich empfinden, ist im Wald eine nützliche Strategie. Im blätterreichen Laubdach leben viele Insekten. Es sind Millionen winziger Eiweißportionen, die ein Insektenfresser sich hier im Laubdach zusammensuchen muss. Das bedeutet hohe Flugkosten für einen Vogel. Wohl deshalb sind Vögel wie die Schwanzmeisen truppweise unterwegs, um gemeinsam nach Blattläusen zu suchen. Damit verteilen sie auch ihre Energiekosten zum Fliegen auf mehrere Vögel. Für junge Schwanzmeisen (großes Foto) bedeutet das, bald den Eltern hinterherzufliegen. Und diese haben sie beim Füttern gerne dicht bei sich.

Für einen Singvogel steckt in tierischer Nahrung fünf- bis zehnmal mehr Eiweiß als in pflanzlicher. Viele Planstellen für Insektenfresser hat deshalb der Wald. Die Laubsänger sind für die Blätter der Krone zuständig, die Meisen und Goldhähnchen für die Zweige und Äste, der Kleiber für die Borken und für den Stamm- und Bodenbereich die Spechte.

Habicht
Accipiter gentilis

- Greifvögel
- G 48 – 62 cm
- ganzjährig

Merkmale
Oberseite dunkel; Unterseite weiß mit schmalen, dunklen Querbändern; langer, gebänderter, an den Ecken gerundeter Schwanz; kurze, runde Flügel; Beine und Zehen gelb; Weibchen bussardgroß, Männchen deutlich kleiner.

Der schnelle Jäger mit dem scharfen Blick

Seine Sehschärfe ist dreimal so groß wie die von uns Menschen. Seine Flugeigenschaften sind bestechend. Mit großer Geschwindigkeit streift er auf der Jagd durch die Bäume, fliegt niedrig am Boden entlang und überrascht seine Beute. Manchmal verfolgt er sie auch über lange Strecken.

Vom **Habicht** gibt es zwei „Ausgaben“, die in der Natur unterschiedliche Nischen besetzen. Das Weibchen ist bussardgroß und kann Rabenvögel, Eichhörnchen und Kaninchen erbeuten. Das Männchen ist fast ein Drittel kleiner und jagt nach Sperlingen oder Tauben. Damit kommen sich die beiden schnellen Jäger nicht ins Gehege und vermeiden Konkurrenz um die manchmal schwer zu erreichende Beute. Greifvögel magern bei Nahrungsmangel schnell lebensbedrohlich ab. Deshalb ist der regelmäßige Jagderfolg wichtig. Ein Habichtpaar ist sehr standorttreu und bleibt meist lebenslang in seinem Revier. Dort bauen sie in der Krone hoher Bäume einen Horst, den das Weibchen mit frischen Nadelholzzweigen auslegt. Während des Brütens mausert sie ihre Flügel und ist kaum flugfähig. In dieser Zeit füttert sie das Männchen.

Weißer Halsschmuck

Den Winter verbringen die Ringeltauben in großen Schwärmen auf den Feldern. Man könnte sie für Haustauben halten, doch ein gutes Fernglas hilft schnell, die größte Wildtaube Europas eindeutig zu erkennen. Ihre typischen Kennzeichen sind je ein auffälliger weißer Fleck an den Halsseiten und eine weiße Flügelbinde.

Ringeltaube
Columba palumbus

- Tauben
- G 40 – 42 cm
- ganzjährig

Merkmale
Größte Wildtaube Europas; Kropf und Brust weinrot, leuchtend weiße Flecken an den Halsseiten, relativ langer Schwanz mit schwarzer Endbinde; im Flug ist ein weißes Band über den Flügeln zu erkennen.

Der Engländer R. E. Kenward wollte die Vorteile wissen, warum **Ringeltauben** im Winter das karge Futter im großen Schwarm suchen. Er ließ deshalb seinen Beizhabicht auf die Ringeltauben los und konnte zeigen: Je größer der Taubentrupp ist, desto weniger Chance hat ein Habicht, eine Taube zu erbeuten. Wenn die Laubbäume wieder Deckung bieten, leben Ringeltauben paarweise in Waldinseln, Parks und Gärten. Häufig sogar in der Nähe von Greifvogelnestern. Denn dicht um deren Horst ist Beute tabu. Ringeltauben sind Vegetarier. Sie fressen Bucheckern, Eicheln, Beeren und Obst. Und damit der Mineralhaushalt stimmt, picken sie nach Taubenart ab und zu ein paar Erdkrümel auf. Ringeltauben bleiben nur eine Brutsaison zusammen. Danach leben sie wieder in großen Schwärmen.

Er lässt andere für sich arbeiten

„Kuckuck, Kuckuck" ruft's aus dem Wald, sagt der Volksmund. Doch ein reiner Waldvogel ist er nicht. Er bewohnt fast alle Lebensräume und fliegt ständig weit umher, auf der Suche nach Vögeln, in deren Nester er seine Eier legen kann. Meist hören wir ihn jedoch im Wald.

Kuckuck
Cuculus canorus

- Kuckucke
- G 32 – 34 cm
- April – September

Merkmale

Sperbergroßer Vogel, der mit dem bekannten Kuckucksruf auf sich aufmerksam macht; Kopf, Brust und Oberseite blaugrau, Bauch hell mit feinen dunklen Querbändern; spitze Flügel; langer, stufiger Schwanz.

Eine Vogelehe geht der **Kuckuck** nicht ein. Die Weibchen leben eher in Vielmännerei und besetzen Reviere, die sie Jahr für Jahr aufsuchen. Dort legen sie ihre Eier in fremde Vogelnester. Doch das geschieht nicht wahllos. Jedes Weibchen ist auf eine Vogelart festgelegt. Je nach Gegend können es unterschiedliche Wirtsvögel sein. In Pommern ist es hauptsächlich die Bachstelze, bei Leipzig ein Würger, bei Hamburg der Teichrohrsänger und in Baden-Württemberg häufig das Rotkehlchen.

Das Weibchen beobachtet seine Opfer schon beim Nestbau und legt im günstigen Moment schnell ihr Ei. Der frisch geschlüpfte Kuckuck schiebt die Eier seiner Wirtseltern rückwärts über den Nestrand und wird allein groß gezogen. Sein orangeroter Rachen löst bei den Pflegeeltern einen besonderen Fütterungstrieb aus.

Der Ruf des Trommlers

Bevor man ihn sieht, hat er schon lautstark auf sich aufmerksam gemacht. Mit einem hohen, harten „kick“ kündigt er sich an, mit schnellen Trommelschlägen auf einen Ast zeigt er Artgenossen seine Reviergrenzen. Solch ein Trommelwirbel dauert eine halbe Sekunde.

Buntspecht
Dendrocopus major

- Spechte
- G 23 cm
- ganzjährig

Merkmale

Häufigster Specht Europas; kontrastreich schwarz-weiß gefärbtes Gefieder; Männchen mit rotem Fleck am Hinterkopf, Weibchen dort ohne Rot; bogenförmige Flugbahn; trommelt zur Revierabgrenzung.

Alte Eichen und Hainbuchen liebt der **Buntspecht** besonders. Aber auch in andere alte Bäume baut er seine Höhlen. Buntspechte zimmern jedes Jahr eine neue Höhle. Bei der Holzarbeit lösen sich die Partner ab, ebenso wie beim Brüten und Füttern der fünf bis sieben Jungen. Diese versorgen sie mit einer vielseitigen Nahrungspalette. Sie füttern im Holz lebende Käferlarven, Rindeninsekten oder Forstschädlinge. Bei der Suche nach diesen Tieren hat der Buntspecht zwei wertvolle „Handwerkzeuge“: Mit seinem Meißelschnabel erweitert er den Bohrgang einer Käferlarve, bis schließlich seine stilettartige Zunge die Beute erreichen kann. Sie harpuniert die Larven regelrecht. Widerhaken an der Zunge helfen dabei, sie aus dem Gang zu ziehen. Dazwischen öffnet er Kiefernzapfen.

Schwarzspecht
Dryocopus martius

- Spechte
- G 45 – 57 cm
- ganzjährig

Merkmale

Fast krähengroßer schwarzer Specht mit sehr kräftigem, hellem Schnabel; Männchen mit roter Kopfplatte, Weibchen nur mit rotem Fleck am Hinterkopf; fliegt nicht so wellenförmig wie andere Spechte.

Der Zimmermann von alten Wäldern

Der größte Specht Europas lebt nur in alten Wäldern. Den Namen Spessart soll der riesige Buchenwald im Maingebiet von diesem Vogel haben. Denn Spessart leitet sich von Spechtshard, Spechtswald ab. Tatsächlich ist er hier häufig zu hören und zu sehen.

Der **Schwarzspecht** macht keine halben Sachen. Hat er erst einen alten Stamm mit Bockkäferlarven gefunden oder durchtunneln große Rossameisen das morsche Holz, macht er sich über den Baum her. Mit heftigen Hieben zerlegt er ihn völlig. Ein Haufen Späne ist alles, was übrig bleibt. In unseren Wirtschaftswäldern werden heute solche morschen Riesen als Spechtbäume stehen gelassen. In seine verlassenen Höhlen ziehen Dohlen, Käuze, Hohltauben und sogar Schellenten ein. Im Harz glaubte man früher, dieser verehrte Specht kenne das Geheimnis der Sprengwurzel. Denn – so wurde gesagt – wer dieses Kraut besäße, dem würden sich Türen und Schlösser öffnen und der käme zu großem Reichtum. Doch dem Schwarzspecht mit der großen Sprengkraft im Schnabel sind alte Märchen sicher egal.

Ein bisschen Glück vom Wieherspecht

Dieser Specht trommelt selten. Aber sein Wiehern klingt wie ein Lachen durch den Wald. Deshalb wird er regional auch Wieherspecht genannt. Vor allem im Frühling hört man seine lachenden Rufreihen, die wie „glückglückglückglück" klingen. Vielleicht bringt er es auch.

Grünspecht
Picus viridis

- **Spechte**
- **G 31 – 33 cm**
- **ganzjährig**

Merkmale

Großer, oben leuchtend grün gefärbter Specht; Kopf rot, schwarze Maske um helles Auge; Bartstreif beim Männchen rot, schwarz eingerahmt, beim Weibchen reinschwarz; Wangen, Hals und Unterseite gelbweiß.

Der **Grünspecht** ist ein Erdspecht. Er durchsucht nicht morsche Bäume, sondern sammelt seine Nahrung meist am Boden, am liebsten Ameisen und deren Puppen. Oft reißt er mit seinem Schnabel einen Ameisenhügel auf und holt die Tiere mit seiner 10 cm langen, klebrigen Zunge aus ihrem Bau. Seine Spezialisierung wird ihm im Winter manchmal zum Verhängnis. Dann sind Ameisenhaufen gefroren und der Specht kommt trotz Meißelschnabel nicht mehr an sein Futter. Oft erleiden die Spechte dann herbe Verluste. In lichten Laubwäldern und Obstplantagen zimmert er eine Höhle in morsches Holz. Rund zwei Wochen arbeiten beide Vögel daran. Das Weibchen legt die fünf bis acht Eier auf blankes Holz. Nach 15 Tagen schlüpfen die Jungen und werden drei Wochen lang aus dem Kropf gefüttert. Später kommen sie nur zum Schlafen hierher.

Baumpieper
Anthus trivialis

- Pieper und Stelzen
- G 15 cm
- April – September

Merkmale

Etwa so groß wie eine Lerche; Kopf, Nacken, Rücken und Flügeloberseiten graubraun, Rücken schwarz gestreift; Brust und Kehle gelb mit dunkelbraunen Längsflecken; Geschlechter gleich.

Die Lerche, die von Bäumen singt

Sein ganzes Gefieder erinnert an eine Lerche. Und auch sein Verhalten. Im Frühjahr sitzt der Baumpieper auf Baumspitzen und trillert sein Lied. Plötzlich steigt er senkrecht auf, beginnt zu singen und gleitet mit ausgebreiteten Flügeln wieder herab.

Jeder Wald hat seine Stimmen. Im Inneren trommeln Spechte oder gurren Tauben. Doch am Rand, da wo noch ein paar einzelne, große Bäume stehen und Jungwuchs die Lichtung besiedelt, da ist der **Baumpieper** in seinem Element. Einzelne hohe Bäume sind seine Singwarten. Von dort startet er Ende April seinen Singflug. Lockere Kiefernwälder und Heiden mag er besonders. Das Ungewöhnliche an diesem Vogel ist seine Ähnlichkeit mit einer Lerche (siehe Seite 116) in Farbe, Form und Verhalten. Dabei gehört er zu einer ganz anderen Familie. Es muss daher in der Evolution einen Anreiz gegeben haben, für bestimmte Lebensräume besondere Verhaltensweisen zu entwickeln. Schmetternder Singflug für offenes Gelände heißt offensichtlich hier das Erfolgsmodell. In den Kiefernforsten der Lüneburger Heide kann man ihn eindrucksvoll erleben, vor allem an der Grenze zwischen Heide und Wald.

Der Fliegenfänger im Buchenwald

Würden Vogelfreunde keine Nistkästen aufhängen, bekäme diesen heimlichen Vogel kaum jemand zu Gesicht. Er lebt in dichten Buchenwäldern und ist von Beruf Fliegenfänger. Ständig liegt er mit Meisen und Rotschwänzen im Wettstreit um Nisthöhlen. Doch wir können ihm helfen.

Trauerschnäpper
Ficedula hypoleuca

- **Fliegenschnäpper**
- **G 13 cm**
- **April – September**

Merkmale
Zuckt häufig mit Flügeln und Schwanz; Männchen zur Brutzeit oben graubraun bis tiefschwarz, unten reinweiß; weißer Flügelfleck, weißer Stirnfleck; Weibchen oben graubraun, unten weiß; ohne Stirnfleck.

Kaum ein Vogel ist als Fänger des Kiefernspanners besser geeignet als der **Trauerschnäpper**. Gegen diesen gefürchteten Waldschädling leistet er ebenso gute Hilfe wie gegen den Eichenwickler. Deshalb versuchte man schon oft, den Trauerschnäpper mit Nistkästen anzusiedeln. Nicht immer gelang es, denn er ist ein Vogel, der sich erst nördlich der Donau wohl fühlt. Möglicherweise gibt es aber auch eine Nord- und eine Ostrasse. Der 13 g leichte Vogel legt vier bis sieben Eier und ist als Insektenfänger sehr witterungsabhängig. Deshalb verteidigt er auch mitten im Wald Reviere, um seinen Nahrungsbereich abzustecken. Das macht er sogar auf dem Zug nach Westafrika. Er rastet in Portugal, verteidigt auch dort seine Reviere und wagt den Trans-Saharaflug erst mit genügend angefuttertem Fettvorrat.

Wintergold-hähnchen
Regulus regulus

- Goldhähnchen
- G 9 cm
- ganzjährig

Merkmale
Sehr klein, neben dem Sommergoldhähnchen der kleinste Vogel Europas; Männchen mit olivgrüner Oberseite und orangefarbenem, schwarz begrenztem Scheitel; Weibchen mit gelb-schwarzer Scheitelzeichnung.

Der Kleine mit der hohen Stimme

Im verschneiten Winterwald fallen ihre hohen Stimmen sofort auf. Aus den Bäumen ist überall ein dünnes „sih-sih-sih" zu hören. Ohne Fernglas hat man hier keine Chance, die winzigen Federbällchen in den Zweigen zu erkennen. Doch wer sie sieht, ist von den Zwergen fasziniert.

Das **Wintergoldhähnchen** ist der zweitkleinste Vogel Europas. Nur das Sommergoldhähnchen ist noch eine Spur kleiner. Unglaublich leicht sind diese Vögel, wiegen nur 5 g. Für Ökologen ist die Frage spannend, wie zwei so nahe verwandte, kleine Vögel ihr Leben meistern. Denn Vögel mit gleichen Lebensansprüchen machen sich Konkurrenz. Daher müssen sie sich in mindestens einer Lebensweise unterscheiden. Ergebnis: Das Wintergoldhähnchen sucht an senkrechten Nadelzweigen besonders genau nach Insekten. Das Sommergoldhähnchen dagegen dreimal so flink auf waagerechten Zweigen. Beide Arten bauen kugelige Hängenester zwischen herabhängenden Fichten- und Tannenzweigen. Dabei verweben sie fünf bis zehn feine Zweige mit Spinnenfäden. Darin wird dann das Kugelnest aus Moos und Flechten gebaut und mit kleinen Federn gefüllt. Drei Wochen dauert der Bau des Kunstwerkes. Manchmal werden darin zehn Wintergoldzwerge groß.

Luftspringer von Baum zu Baum

Beim Winterspaziergang im Wald fällt der Trupp umherstreifender Schwanzmeisen sofort auf. Mit leisen „sisisi"-Rufen streifen die Vögel von Baum zu Baum und turnen in den Zweigen. Ihr langer Schwanz macht die nur ganze 8g schweren Meisen größer als sie sind.

Schwanzmeise
Aegithalos caudatus

- **Schwanzmeisen**
- **G 14 cm**
- **ganzjährig**

Merkmale
Unverwechselbare Art mit sehr langem Schwanz, kugeligem Körper und kleinem Schnabel; Oberseite rötlich-schwarz; Unterseite grauweiß; Kopf weiß; über den Augen ein breiter dunkler Streifen.

An ihrem Nest ist jeder Waldspaziergänger sicher schon oft vorbeigegangen, ohne es zu bemerken. Zu gut ist der ovale Beutel mit dem seitlichen Einschlupfloch in niedrigen Nadelbäumen oder dicht am Stamm von Laubbäumen versteckt. Über 2000 Einzelteile von Moos, Flechten, Gespinsten, Haaren oder Vogelfedern fliegen die Vögel herbei und bauen daraus ihr filziges Nest.
Das Nest muss viel aushalten, denn oft werden zwölf **Schwanzmeisen** darin groß. Manchmal beteiligen sich sogar fremde Weibchen am Füttern der umtriebigen Brut. Schließlich wird die Nestwand löchrig und die Jungen stecken ihre Schwänze heraus. Nach 15 Tagen wird es in ziemlich zerzaustem Zustand verlassen. Der Familienverband bleibt noch bis zum nächsten Frühjahr zusammen und turnt als Trupp durch den Winterwald.

Der Sommervogel Loriot

Er ist ein Exot unter den heimischen Vögeln. Als einzige Art einer tropischen Familie bewohnt der Pirol unsere Breiten. Und er besitzt auch die melodische Vielfalt tropischer Vögel. Sein klangvolles Flöten klingt sprachlich nachgeahmt: „Ich bin der Herr von Bülow."

Pirol
Oriolus oriolus

- Pirole
- G 24 cm
- Mai – August

Merkmale

Scheuer, drosselgroßer Vogel; Männchen dottergelb mit schwarzen Flügeln; Weibchen und Jungvögel mit gelbgrüner Oberseite und weißgrauer Unterseite; auffällig der melodische Gesang des Männchens.

Zu Gesicht bekommt man den drosselgroßen **Pirol** nicht so leicht, obwohl er so auffallend gefärbt ist. Doch wer seinen Flötenpfiff „düad-lüo" nachpfeifen kann, dem folgt der Vogel bald neugierig. Spät kommt der „Pfingstvogel" aus dem tropischen Afrika zurück. Er bleibt auch nur drei Monate. In dieser Zeit baut das Weibchen in einer waagrechten Astgabel ein Hängenest. Wie ein Körbchen wird es an einen Zweig gehängt. Die vier Jungen müssen sich am Nestboden festkrallen, so sehr schaukelt es manchmal im Wind. Schon im August zieht der Pirol über Griechenland und Nordostafrika wieder südwärts. Auf dem Rückweg fliegt er über Italien. Der älteste bekannte Pirol wurde in der freien Natur 14 Jahre und 10 Monate alt. Ein Ring der Vogelwarte belegt dieses hohe Alter. Wie alle Vögel besitzt auch der Pirol Federlinge, kleine, meist dunkel gefärbte Parasiten im Federkleid. Beim Pirol jedoch sind sie so gelb wie seine Federn. Auf französisch heißt der Pirol Loriot, den Vicco von Bülow als Künstlername wählte.

Der Vogelförster und Waldgärtner

Ungesehen kommt niemand in seinen Wald. Der Eichelhäher entdeckt jede noch so kleine Bewegung und schreit laut seinen Warnruf „rätsch“. Er räubert andere Nester aus, fängt Würmer und Eidechsen. Doch weil er Bucheckern und Eicheln versteckt und vergisst, pflanzt er neue Wälder.

Eichelhäher
Garrulus glandarius

- Rabenvögel
- G 33 – 34 cm
- ganzjährig

Merkmale

Der bunteste Rabenvogel Europas; Altvögel rosa-graubraun mit auffällig blauschwarz gebänderten Flügelfedern; weiße Abzeichen an Flügeln und Schwanz; Oberkopf gestrichelt; breiter schwarzer Bartstreif.

Die Stimme des **Eichelhähers** ist laut und aufdringlich. „Sich unterhalten wie Eichelhäher“ heißt in Frankreich wenig schöne Worte zu benutzen. In Schweden ist er der Wolkenvogel, weil er Eicheln nie wieder findet, wenn er sie wie „in Wolken“ versteckt. Doch der Nussgaggl Frankens ist in Wirklichkeit ein Erfolgsvogel. Als Allesfresser nutzt er die verfügbaren Ressourcen, die sein Lebensraum bietet. Nach Rabenvögelart warnt er andere Vögel vor sich, um sie aufzuscheuchen. Das ermöglicht ihm eine weitere Eiweißquelle, nämlich die Plünderung anderer Nester. Sorgfältig abgeteilt sind die Areale zweier Arten, die gleichermaßen erfolgreich operieren: In allen Lebensräumen bis 1500 m Höhe lebt der Eichelhäher, in den höheren Bergwäldern wohnt der Tannenhäher. Dadurch sind die Lebensräume der beiden Arten weitgehend räumlich getrennt. So bleibt jeder in seiner Nische.

In Dorf und Stadt

Wie glitzernde Tauperlen tropfen die Töne des Rotkehlchens in den noch jungen Morgen. Bald beginnt die Amsel zu flöten und die Türkentaube gibt ihre Rufe dazu. Der Morgen in Dorf und Stadt ist voller Vogelstimmen. Mit jedem Sonnenstrahl werden es mehr. Unser Lebensraum ist schon ein Stimmengewirr, bevor wir Menschen mit unseren Lauten den Tag übernehmen. Mit schrillen Schreien toben nachmittags Mauersegler durch die Straßenfluchten und die Singdrossel singt uns im Garten das Lied zur Nacht. Viele Vogelarten zogen in die Städte, seit sie zum bunten Mosaik aus felsenähnlichen Häusern und baumreichen Gärten und Parks wurden. Bis zur Mitte des vorigen Jahrhunderts war zum Beispiel die Amsel ein reiner Waldvogel. 1830 brütete sie erstmals in Bamberg, 1850 in Stuttgart. Heute ist sie der häufigste Stadtvogel. Mitten in der City leben Haussperling, Mauersegler, Türkentaube und Turmfalke. In der Gartenstadt am Rand der städtischen Siedlungen erreichen die Vögel ihre größte Siedlungsdichte. Fast die Hälfte unserer Vogelarten lebt schon in Dorf und Stadt.

Weißstorch
Ciconia ciconia

- Störche
- G 100 – 115 cm
- März – September

Merkmale
Großer Schreitvogel mit weißem Gefieder, schwarzen Schwingen, glänzend rotem Schnabel und langen roten Beinen; steht gern auf einem Bein; fliegt im Gegensatz zu Reihern mit ausgestrecktem Hals.

Klappern gehört zum Handwerk

Ihr Begrüßungszeremoniell am Nest ist einmalig: Die Vögel legen den Kopf weit zurück und klappern laut. Dann beugen sie den Hals vor und zeigen mit ihren synchron klappernden Schnäbeln auf den Nestboden. Jedes Jahr kehren die Paare zu ihrem Nest zurück.

Der Fortpflanzungserfolg des **Weißstorchs** ist altersabhängig. Dreijährige Erstbrüter sind erfolgloser in der Jungenaufzucht als erfahrene Störche. Drei Junge aufzuziehen, gelingt ihnen meist erst im Alter von neun Jahren. Dazwischen liegen Jahre voller Gefahren: Trocken gelegte Niederungen, Strommasten und gefährliche Weitflüge bis nach West- oder Südafrika. Die Überlebensrate und der Bruterfolg hängen wesentlich vom Ausmaß der Dürre in der westafrikanischen Sahelzone ab, ergaben Forschungen. Kommen die Störche geschwächt aus dem Winterquartier, sind die Bruten in Gefahr. Nach starken Rückgängen nimmt der Bestand in Norddeutschland wieder leicht zu. Im Rostocker Zoologischen Museum ist der berühmte Pfeilstorch (Foto rechts oben) zu sehen. Er kam einst mit einem langen Pfeil durch den Hals aus Afrika zurück.

Die Taube mit dem Nackenband

Einst bewohnte sie die Trockensavannen und Halbwüsten Südasiens. Doch seit den dreißiger Jahren begann ihre beispiellose Ausbreitung über ganz Europa bis zu den Britischen Inseln. Hier lebt sie in Dorf und Stadt, wo die vegetarischen Nahrungsquellen ständig verfügbar sind.

Türkentaube
Streptopelia decaocto

- Tauben
- G 31 – 33 cm
- ganzjährig

Merkmale

Sandgraue, schlanke Taube mit einem schwarzen, halbmondförmigen Nackenband und roten Augen; langer Schwanz, Schwanzunterseite schwarz mit weißer Endbinde; beide Geschlechter gleich.

Die **Türkentaube** fängt den Frühling früh an. Bereits im März besetzt der Täuber ein Revier und markiert es mit Schauflügen. Oft sitzt er auf der Fernsehantenne, startet von hier aus mit klatschenden Flügeln steil nach oben und gleitet in Spiralen wie ein Segelflieger herab. Dann landet er wieder an der gleichen Stelle. Wird eine Taube aufmerksam, lockt er sie mit gesenktem Kopf, aufgeblasenem Hals und zitternden Flügeln auf einen Baum. Oft sind es Fichten, die jetzt schon Sichtschutz zum Brüten bieten. Zum Nestbau übergibt der Täuber seiner Partnerin dünne Zweige, die sie zu einer lockeren Nestplattform zusammensteckt. Ihre zwei Jungen füttern beide Eltern mit Kropfmilch, später mit eingeweichten Sämereien aus dem Kropf. Die Zweit- und Drittbrut wird dann meist in Laubbäumen großgezogen. Allerdings ist diese Taube bei der Nistplatzwahl sehr vielseitig. Statt auf einer Nestplattform aus kleinen Zweigen brütete sie auch schon auf blanken Metalldrähten.

Wie ein Blitz taucht er auf

Dieser Vogel ist ein Überraschungsjäger. Plötzlich schießt er aus der Deckung und fängt Kleinvögel. Oft gibt es Spezialisten für Dörfer und Städte, und solche für Landschaften mit kleinen Nadel- und Mischwäldern. Häufig besucht der Sperber auch unsere Futterstellen im Winter.

Sperber
Accipiter nisus

- **Greifvögel**
- **G 28 – 38 cm**
- **ganzjährig**

Merkmale

Greifvogel; typisch sind die kurzen, runden Flügel und der lange, rechteckige Schwanz; Oberseite schiefergrau; Unterseite hell, eng quer gebändert; Männchen um ein Drittel kleiner als das Weibchen.

Der **Sperber** ist ein Musterbeispiel dafür, wie anpassungsfähig ein Greifvogel sein muss. Brüten in einem Jahr viele Sperber, gibt es im nächsten Jahr weniger Brutpaare und umgekehrt. Sperber passen sich immer dem Futterangebot an. Und sogar dem Wetter. Je häufiger es im April regnet, um so weniger Paare schreiten zur Brut, entdeckte man in Schottland. Bei uns erbeuten die Stadtsperber meist Sperlinge und Grünfinken, die Waldsperber eher Finken und Meisen. Ihr Nest bauen beide Partner aus selbst abgebrochenen Zweigen dicht an den Stamm einer Fichte. Das Weibchen brütet allein und wird vom Männchen versorgt. Dabei fliegt es mit Beute am Horst vorbei und lockt die Partnerin zu einem nahen Rupfplatz. In den letzten Jahren werden Sperber immer seltener. Die Gründe dafür sind vielfältig: weniger Singvögel als Beute, weniger Wäldchen als Brutplatz sowie eine hohe Sterblichkeitsrate.

Wanderfalke
Falco peregrinus

- **Falken**
- **G 36 – 48 cm**
- **ganzjährig**

Merkmale

Größter Falke Mitteleuropas; Oberseite schiefergrau; Unterseite weiß, dunkel quer gebändert; schwarzer, lappenförmiger Backenstreifen; lange, spitze Flügel; kurzer Schwanz; Männchen kleiner als das Weibchen.

Schutz für den schnellsten Jäger

Als wir begannen, Insektenschutzmittel auf die Felder zu sprühen, verschwanden plötzlich die Wanderfalken. Über die Beute reicherte sich das Insektengift in ihren Eiern an. Die Schalen wurden zerbrechlich, die Vögel büßten ihren Nachwuchs ein. Heute wird die Situation für sie langsam besser.

Der Stauferkaiser Friedrich II. schrieb um 1200 eine hinreißende Anleitung zur Beizjagd mit einem Falken. Der **Wanderfalke** ist dabei der begehrteste unter den Hochleistungsvögeln. Entdeckt er eine Beute vom Segelflug aus, legt er die Flügel an und schießt kurzerhand mit 300 Stundenkilometern auf die Beute herunter, bremst kurz ab und reißt ihr mit der Hinterzehe die Rückenmuskeln auf. Sein Nahrungsspektrum ist groß, doch Tauben jagt er am liebsten. Sein Flug ähnelt sogar dem der Tauben. Jahrelang sorgten engagierte Wanderfalkenschützer für eine gründliche Bewachung der Horste. Diese Methode brachte Erfolg. Heute sind Wanderfalken sogar mitten in der Stadt zu beobachten: Im fränkischen Erlangen brütet fast jährlich ein Paar in einem künstlichen Nistkasten am Turm des Kraftwerks.

Bei Nacht spitzt sie die Ohren

Zweimal sechs Federn bilden die Ohren auf dem Kopf. Während die Eule den Tag verschläft, sind sie angelegt. Doch wird sie gestört, stehen die Federbüschel senkrecht. Mit dem Gehör haben die Federohren nichts zu tun. Sie sind nur Ausdruck für Wachsamkeit oder Erregung.

Waldohreule
Asio otus

- Eulen
- G 35 – 37 cm
- ganzjährig

Merkmale
Schlanke, langflügelige Eule mit orangefarbenen Augen; lange Federohren, die nur bei Gefahr aufgerichtet werden, sonst aber kaum zu sehen sind; Gefieder baumrindenartig, rötlichbraun mit Längsstrichen.

Ohne Krähen und Elstern hätte die **Waldohreule** wahrscheinlich nie den Sprung in unsere Dörfer geschafft. Sie braucht deren Nester als Brutplatz. Eigentlich bewohnt sie kleine inselförmige Nadelwälder. Aber seit ihre Nestlieferanten in Menschennähe zogen, wanderte sie mit. Nicht selten brütet heute eine Waldohreule im einzigen Nadelbaum eines Dorfes. Es sind die wollgrauen Jungen (Foto links) in ihrem Dunenkleid, die uns tagsüber mit ihrem Fiepen aufmerksam machen. Denn die Altvögel verlassen erst in der Dämmerung ihr Versteck. Mit langsamen und weit ausholenden Flügelschlägen fliegen sie lautlos zum Beutefang. Spezielle Federn am Flügelrand dämpfen jedes Fluggeräusch. Bei Tag schmiegt sich die Eule an einen Stamm, ihr braun gesprenkeltes Federkleid dient ihr als Tarnkappe.

Schauerlich klingt es durch die Nacht

In milden Februar- und Märznächten ist in Dörfern und Vorstädten um Mitternacht ein Ruf weithin zu hören. Dieses geheimnisvolle „huu-hu-hu-uuu-uuuuh" fehlt in keinem Fernsehkrimi. Zu sehen bekommt man den Rufer der Nacht meistens erst später: Als junges Federknäuel.

Waldkauz
Strix aluco

- Eulen
- G 37 – 39 cm
- ganzjährig

Merkmale
Häufigste Eule Mitteleuropas; breite, gerundete Flügel, dunkle Augen und großer, runder Kopf ohne Federohren; Gefieder braun bis grau mit dunklen Flecken und Strichen; sonnt sich tagsüber oft vor seiner Höhle.

Eulen sind Beutegreifer und stehen am Ende der Nahrungskette. Damit sind sie abhängig vom Beuteangebot. Vielleicht ist der **Waldkauz** deshalb in Dörfer und Städte gezogen, weil es hier ganzjährig ausreichend Kaninchen, Eichhörnchen, Ratten und Mäuse gibt. Im Berliner Grunewald brütet der Waldkauz in Jahren mit vielen Gelbhalsmäusen erfolgreicher als in Jahren mit geringem Angebot dieser Kleinsäuger. Und im Umfeld der Stadt findet er auch mehr Plätze, die sich als Nisthöhle eignen. Im Wald nimmt er geräumige Baumhöhlen an, bei uns auch Nistkästen, Hohlräume in Gebäuden oder Krähennester. Dort brütet er drei bis fünf Junge aus. Nicht selten sitzen diese grauen Federknäuel (Foto rechts oben) tagsüber in den Parkbäumen und fiepen laut vor sich hin. Findet man eine Jungeule auf dem Boden, setzt man sie einfach wieder auf einen Ast. Sie wird ohne weiteres von ihren Eltern weiter gefüttert.

Schleiereule
Tyto alba

- Eulen
- G 33 – 35 cm
- ganzjährig

Merkmale
Eule mit herzförmigem Gesichtsschleier und dunklen Augen; Oberseite graumeliert mit ockerfarbenen Flecken und feinen schwarz-weißen Punkten; Unterseite hell; macht mit lautem Schnarchen auf sich aufmerksam.

Ohren, denen nachts nichts entgeht

Die feinsten Trippelschritte einer kleinen Maus hört die Schleiereule. Wenn sie bei Nacht geräuschlos durch die Dörfer streift, ergreift sie zielsicher ihre Beute. Zum besseren Hören liegen ihre Ohren etwas unsymmetrisch seitlich am Kopf. Jungeulen müssen ihre Ohren erst eichen.

Das Schnarchen der **Schleiereulen** vom Kirchturm hatte uns schon immer begeistert. Und so gingen wir als Biologiestudenten daran, diese Eulen in fränkischen Kirchtürmen aufzuspüren, um ihre Jungen zu beringen. Wagemutige Kletterpartien waren angesagt, denn Schleiereulen brüten meist in der „Laterne", der kleinen Zwiebel vor der Kirchturmspitze. Dort riecht man sie schon, die einfachen Nester auf den Gewöllen. Das sind die Speiballen unverdaulicher Reste. Im Schein der Taschenlampe ließen sich die fauchenden Jungen leicht beringen. Aus den Ringfunden erfuhren wir, dass die Jungen weit weg ziehen, um selbst zu brüten. Die Altvögel dagegen bleiben ihrem Kirchturm treu. Bauern wußten, dass Schleiereulen ihre Kornkammer mäusefrei halten. Deshalb hatte ihr Haus stets eine Uhlenflucht, ein Loch unter dem Hausgiebel. In der Scheune hilft eine große Holzkiste mit Seitenloch.

Mit 200 Sachen durch die Stadt

Der schnelle Flieger unter den Vögeln ist ein Außenseiter. Er sieht wie eine Schwalbe aus, ist aber kein Singvogel, sondern mit den Kolibris verwandt. Bis auf wenige Bruttage im Nest verbringt er sein ganzes Leben in der Luft. Mit schrillem Schrei stiebt er durch unsere Straßen.

Mauersegler
Apus apus

- Segler
- G 16 – 17 cm
- Mai – August

Merkmale
Mittelgroßer Segler mit schmalen, spitzen, sichelförmigen Flügeln und gegabeltem Schwanz; fällt auf durch seine lauten, schrillen Rufe; Geschlechter gleich; Gefieder bis auf die helle Kehle dunkelbraun.

Kühle Regentage im Sommer sind für den **Mauersegler** lebensbedrohlich. Dann kann er keine Insekten fangen. Doch der Vogel hat Ausweichstrategien entwickelt. Er fliegt dann mehrere hundert Kilometer weit in Gebiete mit besseren Wetterbedingungen und kehrt wieder zurück. Seine Jungen im Nest fallen derweil vor Hunger in eine Art Kältestarre und können eine Woche lang ohne Nahrung überleben. Dabei ist ihre Atemfrequenz um 90 Prozent verringert. Auch Altvögel können so Hungerperioden überstehen. Die zahlreichen Nistmöglichkeiten unter unseren Dächern haben den Mauersegler in der Stadt heimisch werden lassen. Beide Partner sammeln im Flug Federn, Haare oder Pflanzenteile auf und kleistern sie mit Speichel zu einem tellerförmigen Nest zusammen. Für eine einzige Fütterung der zwei Jungen brauchen sie etwa 1000 Insekten.

Ein Musterhaus aus Lehm

Ihre Lehmnester sehen nicht so ordentlich aus wie die von den Mehlschwalben. Doch zum besseren Halt werden Grashalme mit eingemauert. Sie waren einst Vorbild für unsere Lehmhäuser. Jeder freut sich über diese Vögel. Sie fangen Fliegen und zwitschern gesellig.

Rauchschwalbe
Hirundo rustica

- Schwalben
- G 13 – 19 cm
- April – Oktober

Merkmale
Die häufigste Schwalbe auf dem Land; schlanker Vogel mit tief gegabeltem Schwanz und auffallend langen Schwanzspießen; beide Geschlechter mit blauschwarzer Oberseite und rostbrauner Stirn und Kehle.

Drei Wochen Zeit, im Nest zu verbringen, ist für Vögel ungewöhnlich. Zu groß ist die Gefahr, von Räubern überrumpelt zu werden. Doch die **Rauchschwalbe** kann es sich in Menschennähe leisten, ihre Jungen langsam aufzuziehen. Sie sind die elegantesten Flieger, fangen kleine Insekten in der Luft und sogar von der Wasseroberfläche. Sie trinken sogar im Flug und sitzen nur am Boden, wenn sie aus einer Pfütze Lehm zum Nestbau holen. Rauchschwalben brüten zwei- bis dreimal im Jahr und ziehen spätestens im Oktober in Gebiete südlich der Sahara. Auf dem Weg dorthin fallen die großen Schwärme abends ins Schilf ein. Dort finden sie genügend Halme für die gemeinschaftlichen Schlafplätze. Im Frühling müssen sie bis zum 15. April bei uns zurück sein. Denn dieser Tag heißt in England "swallow-day", Schwalbentag.

Das schnelle Glück

Nach einer Legende soll sich die syrische Göttin Isis in eine Schwalbe verwandelt haben. Seitdem ist sie die Schirmherrin des häuslichen Friedens und Eheglücks. Seit Menschengedenken sind Schwalben Glücksbringer: „Wo die Schwalbe nistet am Haus, zieht der Segen niemals aus.“

Mehlschwalbe
Delichon urbica

- Schwalben
- G 12 cm
- April – Oktober

Merkmale
Gedrungener als die Rauchschwalbe; typisch für diese Schwalbe ist der weiße Bürzel und die reinweiße Unterseite, eine blauschwarze Oberseite und ein nur schwach gegabelter Schwanz ohne lange Spieße.

Vom Mittelmeer bis zum Nordkap reicht ihr Areal. Überall folgen sie dem Menschen und kleben ihre Nester an die Ostseite unserer Häuser. Das viertelkugelige Nest bauen sie mit speicheldurchtränktem Schlamm unter Dachvorsprünge. Einst waren sie Felsenbrüter. Doch in Menschennähe ist das Nahrungsreservoir langfristig berechenbarer. Das lebensbedrohliche Risiko liegt für die **Mehlschwalbe** in Schlechtwetterperioden. Dann müssen sie ein bis zwei Wochen ohne Nahrung zurechtkommen. In dieser Zeit können diese Vögel ihre Körpertemperatur sehr tief absenken. Sie verfallen in eine Art Starre und können 70 Prozent ihres Stoffwechsels einsparen. Doch genauso plötzlich wachen sie dann wieder auf und jagen in pfeilschnellem Flug Insekten hoch am Himmel oder dicht über dem Wasser.

Zaunkönig
Troglodytes troglodytes

- Zaunkönige
- G 9 – 10 cm
- ganzjährig

Merkmale
Lebhafter, brauner Kleinvogel mit kurzem, aufgerichtetem Schwanz; langer, dünner, spitzer Pinzettenschnabel; Geschlechter gleich; schmetternder Gesang von niedrigen Singwarten fast das ganze Jahr.

Ein König wohnt bei uns im Zaun

Überhören können wir den fast kleinsten heimischen Vogel nicht. Nahezu das ganze Jahr ertönen seine lauten Triller, die den Zwerg richtig vibrieren lassen. Erregt ruft er laut und hart „tick tick tick“ und manchmal schnurrend „zerrrr“. Wie eine Maus schlüpft er durchs Gebüsch.

Den Namen König hatte der Vogelzwerg schon im Althochdeutschen. Königle heißt er heute im Elsass, Winterkoning in Holland, aber am weitesten verbreitet ist der Name **Zaunkönig**. Er beschreibt treffend sein Verhalten, wenn er im Gestrüpp mit feinem Pinzettenschnabel nach Spinnen sucht. Das Männchen baut backofenförmige, runde Nester mit seitlichem Eingang, oft auch mehrere als „Spielnester“, um einer Zaunkönigin zu imponieren. Diese Backofennester sind an den verrücktesten Stellen zu finden: In Fischernetzen, Haustürkränzen oder Regenschirmen. Weil der Zaunkönig das Feuer vom Himmel gebracht haben soll, hält man in Frankreich sein Nest hoch in Ehren. Er zieht darin bis zu sieben Prinzessinnen und Prinzen auf, die manchmal wie Federbällchen im Zaun sitzen. Sie schlüpfen aus kleinen Eiern, die oft nur 16 x 12 mm groß sind. Bei warmen Wetter legen die Weibchen größere, bei kühlem kleinere Eier.

Die Sängerin mit der Tarnkappe

Hedgesparrow nennen die Engländer diesen Vogel. Und tatsächlich bewohnt der Heckenspatz Hecken und erinnert ein wenig an einen Spatz. Nur der Schnabel ist fein und spitz. Obwohl er einer der häufigsten Vögel bei uns ist, lässt er sich nur selten sehen.

Heckenbraunelle
Prunella modularis

- **Braunellen**
- **G 14 cm**
- **ganzjährig**

Merkmale
Spatzengroß, aber schlank; Altvögel an Kopf, Nacken, Kehle und Brust bleigrau; Oberseite braun, dunkel gestrichelt; Auge auffallend rotbraun; Jungvögel an Ober- und Unterseite braunschwarz gestrichelt.

Fichtenhecken im Garten sind besser als ihr Ruf. Zwischen ihren Nadeln entwickeln und verstecken sich unzählige Insekten und in ihrem immergrünen Schutz brüten viele Vögel katzensicher. Die recht unscheinbare **Heckenbraunelle** hat ihr Leben eng an Koniferen angelehnt. Sie lebt versteckt im Dickicht junger Fichten und Tannen, nicht selten an Waldrändern. Dort baut sie auch ihr Nest und streift zur Futterbeschaffung weit umher. Dabei hüpft sie auf dem Boden und pickt feinste Samen und Insekten auf. Das ist die Stunde der Beobachter. Oft sieht man sie aus dem Terrassenfenster durch den Garten hüpfen. Im Winter kann man Heckenbraunellen mit einer handelsüblichen Waldvogelmischung aus dem Zoogeschäft regelrecht anlocken. Wo es ihnen im Winter gut geht, da bleiben sie auch zur Brut und zwitschern dem Gärtner ein melodisches Lied. Und helfen ihm sogar noch bei der Vertilgung von Insekten. Denn im Sommer leben sie animalisch, im Winter vegetarisch.

Seidenschwanz
Bombycilla garrulus

- **Seidenschwänze**
- **G 18 cm**
- **November – März**

Merkmale
Rötlich graubraunes Gefieder; auffallender Federschopf; schmaler schwarzer Augenstreif; schwarze Kehle; Flügel mit auffällig buntem Muster; grauschwarzer Schwanz mit breiter gelber Endbinde.

Mit wem verreist der Schneeballstrauch?

Die leuchtend roten Früchte des Schneeballs hängen noch im Winter an dem kahlen Strauch. Kein heimischer Vogel vergreift sich daran. Doch plötzlich, im tiefen Winter, fällt ein Trupp merkwürdiger Vögel ein und leert den Busch binnen weniger Minuten. Und niemand weiß, wohin die Samen reisen.

Der **Seidenschwanz** ist ein Vogel des Hohen Nordens. Er brütet in Nordskandinavien, Nordosteuropa und Sibirien. Doch wenn dort die Früchte der Eberesche knapp werden, beginnen Seidenschwänze südwärts zu ziehen. Dann kommen sie invasionsartig in Dörfer und Städte und fallen über alle roten Früchte her, die noch übrig sind. Weit strolchen sie im Schwarm umher und verbreiten damit die Samen über ganz Europa. Die arktischen Vögel sind keineswegs scheu, sie kennen den Menschen aus ihrer menschenleeren Heimat kaum. Im Sommer bewohnen sie nordische Birken- und Lärchenwälder und schnappen nach Fliegen wie Grauschnäpper. Da ihre Flügeldeckfedern an den Spitzen wie mit rotem Nagellack angestrichen aussehen, heißt der Seidenschwanz in England Waxwing.

Der Vogel mit dem roten Herz auf der Brust

Wie Tauperlen tropfen die Töne des Rotkehlchens in den Morgen. Ihr melodischer Klang erklingt jeden Tag in der Morgen- und Abenddämmerung. Diesen Vogel braucht man nicht näher zu beschreiben. Sein Name ist treffend genug. So hübsch er ist, so streitbar ist er auch.

Rotkehlchen
Erithacus rubecula

- Drosselvögel
- G 14 cm
- ganzjährig

Merkmale
Kleiner rundlicher Vogel mit orangeroter Brust, Kehle und Stirn; großer Kopf mit großen, dunklen Augen; Gefieder oben olivbraun, an Bauch und Unterschwanzdecken weiß; Jungvögel (Foto links) oben braun, unten beige, hell gesprenkelt.

Die Silhouette dieses Vogels löst bei uns sofort Sympathie aus. In dem kaum vom Körper abgesetzten Kopf liegen zwei große dunkle Augen. Scheinbar viel zu groß für den kleinen Vogel. Konrad Lorenz nannte diese Proportionen „Kindchenschema". Wir mögen diesen Vogel, wenn er wie eine Maus durch dichtes Gebüsch schlüpft und sich auf dem Boden mit großen Sprüngen bewegt. Das ganze Jahr über bleibt das **Rotkehlchen** im Garten und pickt im Winter sogar am angebotenen Apfel. Es ist ein Einzelgänger und kann gegen Rivalen sehr aggressiv werden. In der Brutzeit fliegen bei Konkurrenzkämpfen oft die Federn. Was löst diese Aggression aus?
Es ist die Farbe rot. Selbst auf einen rotgefärbten Wattebausch, fanden Verhaltensforscher heraus, reagieren Rotkehlchen ausgesprochen wütend.

Hausrotschwanz
Phoenicurus ochruros

- Drosselvögel
- G 14 cm
- März – Oktober

Merkmale

Männchen (Foto rechts unten) an der rußschwarzen Gefiederfärbung, dem weißen Flügelspiegel und dem rostroten Schwanz schon von weitem zu erkennen; Weibchen (Foto oben) graubraun, ohne weißen Flügelspiegel.

Wo wo wo bi bist

Der Hausrotschwanz ist der erste Vogel des Morgens und singt schon bevor es hell wird. Er sitzt auf dem Dachfirst und quetscht ein kurzes Lied, das der Volksmund schon immer mit „wo-wo-wo bi-bist“ beschrieb. Dabei ist das Stottern am Ende besonders gut ausgedrückt.

Eigentlich ist der **Hausrotschwanz** ein Bewohner steiler Felsen im Hochgebirge. Doch im Laufe der letzten Jahrhunderte besiedelte er die Ebenen. Der Grund für diese Ausbreitung des Lebensareals waren wir Menschen. Unsere Häuser sind ideale Felsen, unsere Gärten beste Insektenmärkte und Lieferanten von energiereichen Holunderbeeren im Herbst. Alles das nutzt der Hausrotschwanz ohne Scheu. Er hüpft über den Rasen, hält inne und knickst mit dem Schwanz. Oft baut das Weibchen ihr Nest aus Grashalmen und Moos in die Halbhöhle einer Gartenmarkise oder auch in einen Mauervorsprung unter der Dachtraufe. Meist wird man erst auf die Jungen aufmerksam. Sie betteln mit einem hohen Schnurren. Rotschwänzchen am Haus zu haben, bringt Glück und schützt es vor Blitz und Feuer, sagt man in Schlesien.

Ein Knicks vom Gartenrotschwanz

Lichte Wälder mit Baumhöhlen braucht dieser Vogel. Da diese selten werden, kommt er häufiger in Parks und Gärten. Der rotkehlchengroße Vogel nimmt gerne Nistkästen an. Und sitzt er auf dem Gartenpfahl, knickst er ständig und zittert mit dem Schwanz.

Gartenrotschwanz
Phoenicurus phoenicurus

- **Drosselvögel**
- **G 14 cm**
- **April – Oktober**

Merkmale

Männchen (Foto unten): Gesicht und Kehle schwarz; Stirn weiß; Oberseite schiefergrau; Brust, Flanken und Schwanz rostrot; Weibchen: Oberseite graubraun; Unterseite gelb, Schwanz rostrot; Jungvögel braun mit rotem Schwanz.

Spät kommt der **Gartenrotschwanz** aus Afrika zurück. Es muss schon warm sein, wenn der bunte Vogel mit dem rostfarbenen Schwanz den Flug zu uns wagt. Dann wählt das Männchen eine Bruthöhle und hat es dabei nicht leicht. Denn zu dieser Zeit sind die meisten schon besetzt. Später singt es aus dem Höhleneingang und fliegt häufig rein und raus. Dabei spreizt es die Schwanzfedern wie ein rotes Signal. Das Weibchen erinnert im Flug an eine Nachtigall, hat aber eine graubraune Oberseite. Die Jungvögel sind überwiegend braun, tragen aber auch schon rote Schwanzfedern. Die Vogelfamilie ist lange im Garten zu sehen und jagt vom Ansitz aus Insekten. Im Herbst gehen sie an die Beerensträucher, um sich Fettvorräte für den Zug anzufressen. Der ist sehr riskant, denn er führt durch die trockene Sahelzone Afrikas. Dort führen Dürrezeiten zu starken Bestandsschwankungen, so dass mal mehr, mal weniger Vögel zu uns zurückkehren. Ein Nistkasten mit ovalem Einflugloch (35 x 50 mm) hilft ihnen.

Wacholderdrossel
Turdus pilaris

- Drosselvögel
- G 25 cm
- ganzjährig

Merkmale
Auffällig gezeichnete, große Drossel; typisch ihr wellenförmiger, etwas schwerfälliger Flug; Rücken und Flügel kastanienbraun; Kopf hellgrau; Kehle und Brust gelbbraun, schwarz gefleckt; Schwanz schwarz.

Die lauten Herbstvagabunden

Es gibt Vögel, die sind einfach erfolgreich – so wie die Wacholderdrosseln. Sie breiten sich immer weiter aus, dringen in Städte ein und nutzen jede Chance. Diese „Krametsvögel“ sind die Wetterboten der Bauern. Fallen sie in der Oberpfalz in die Vogelbeerbäume der Täler ein, dann wird es bald schneien.

Wacholderdrosseln sind ein lautes und starkes Volk. Sie fliegen im Schwarm, sie brüten als Gruppe und erkunden zusammen neue Lebensräume. Selbst als ein Schwarm 1937 vom Sturm ins eisige Grönland verschlagen wurde, blieben sie zusammen und gründeten eine Kolonie, die heute noch besteht. Einst waren sie Vögel der Taiga. Heute ziehen die Vagabunden in Obstgärten und Wäldchen ein. Ihre Stärke, als Schwarm aufzutreten, ist so groß, dass selbst Greifvögel verzweifeln. Schon oft musste ein Bussard notlanden, weil seine Federn vom hundertfachen Kot eines Wacholderdrosselschwarms verklebten. Selbst tierische Nestplünderer wie Eichhörnchen und Marder haben bei ihnen kaum eine Chance. Sie werden gemeinsam mit den typischen “schacka-schacka”-Rufen lautstark vertrieben. Allerdings reagieren sie empfindlich auf Veränderungen in der Landschaft. Sie brauchen Hecken und kleine Wäldchen.

Was Amseln alles lernen können

Als vor Jahren in England Telefone mit zweisilbigem Klingelton eingeführt wurden, rannte so mancher umsonst zum Telefon. Die männlichen Amseln bauten in kurzer Zeit den Klingelton perfekt in ihre Lieder ein. Für Weibchen sind solche Männer unwiderstehlich.

Amsel
Turdus merula

- Drosselvögel
- G 24 – 25 cm
- ganzjährig

Merkmale

Sehr anpassungsfähige Vogelart und ein typischer Kulturfolger; Männchen mit glänzend schwarzem Gefieder, Schnabel und Augenring kräftig orangegelb, Beine dunkelbraun; Weibchen und Jungvögel braun.

Als diese einstige Walddrossel in die Städte wanderte, brachte das handfeste Vorteile mit sich. In Menschennähe gibt es viele immergrüne Bäume wie Fichte und Thuja, die mit ihrem Sichtschutz **Amseln** schon vier Wochen früher brüten lassen. Außerdem gibt es Holzstöße, Carports und Unterstände, die Sichtschutz vor Nesträubern gewähren. Wegen dieser Vorteile wurde die Amsel zum häufigsten Vogel unserer Dörfer und Städte. Brüten, so stellte sich heraus, ist für Amselweibchen durchaus Erholung. Mit ihrem gut isolierten Nest sparen sie innerhalb von zwei Wochen rund 20 Prozent Energie gegenüber Nichtbrütern. Beide Eltern versorgen die Jungen mit Regenwürmern und Schnecken. Weil die Nahrung in Menschennähe so reichlich fließt, werden nur die kleinen Brutreviere heftig verteidigt. Die Nahrungsreviere stehen allen offen.

Singdrossel
Turdus philomelos

- **Drosselvögel**
- **G 22 cm**
- **März – Oktober**

Merkmale
Mittelgroße Drossel mit langen fleischfarbenen Beinen und aufrechter Haltung; Geschlechter gleich; braune Oberseite; rahmgelbe Unterseite mit kleinen dunklen Flecken übersät; große dunkle Augen.

Der Vogel, der alles dreimal sagt

„Wenn die Amseln pfeifen, sind die Drosseln nicht mehr fern", sagt eine Bauernregel. Die Singdrossel sitzt bald abends auf der Spitze eines Baumes und lässt ihre flötenden, pfeifenden und zwitschernden Melodien hören. Die wechselnden Folgen wiederholt sie mehrmals.

Die **Singdrossel** ist ein Waldvogel. Sie bewohnt alle Waldtypen, wenn sie nur ein wenig offen sind. Diesem Ideal entsprechen unsere Parks und Gärten. So kamen wir zu ihren Liedern. Kurz vor Regen oder vor einem Gewitter singt die Drossel mit dem gepunkteten Bauch ganz allein in den Abend. Oft sieht man sie ruckartig am Boden rennen, plötzlich stehen bleiben, einen Regenwurm aus dem Rasen ziehen und hektisch weiter rennen. Am liebsten sammelt sie in den Gärten die gelbbraun gebänderten Schnirkelschnecken. Diese hat sie zum Fressen gern und schlägt ihre Schalen an einem Stein auf. Um diese „Drosselschmieden" liegen oft hunderte von Schneckenhäusern. Wer ihr Nest in Fichte, Weißdorn oder anderen Bäumen findet, erkennt es sofort. Die Nestmulde ist mit Holzmulm auszementiert.

Wer singt im Garten „mi niño chiceritito“?

Während die übrigen Vögel im Hochsommer kaum noch singen, erklingt im Garten laut ihr kunstvolles Lied. Es beginnt ganz piano. Dann folgt eine Flötenstrophe und endet mit einem Überschlag. Die Lautmalerei für diesen Gesang heißt spanisch „mein liebes Kind“ .

Mönchsgrasmücke
Sylvia atricapilla

- Grasmückenartige
- G 14 cm
- April – Oktober

Merkmale

Unsere häufigste Grasmücke; typisch ist ihr laut flötender Gesang von den Baumkronen, bevorzugt morgens; Körper graubraun mit schwarzer (Männchen, Foto oben) oder rotbrauner (Weibchen) Kopfplatte bis in Augenhöhe.

Die **Mönchsgrasmücke** fliegt viele Wege, um den Winter zu umgehen. Die „Skandinavier“ reisen ins tropische Afrika, die „Spanier“ an die Elfenbeinküste und die „Mitteleuropäer“ ins Mittelmeergebiet. Treffen sie im April wieder bei uns ein, sind ihre Lieder nicht zu überhören. Sehr häufig ist der „Mönch“ in buschreichen Gärten zu erleben. Dort sind beide Altvögel gut aus der Nähe zu sehen, wenn sie tagelang die schwarzen Larven des Schneeballkäfers einsammeln. Mit ihren unterschiedlichen Kopffarben lassen sich Männchen und Weibchen gut unterscheiden. Fast flügge sitzen die Jungen wie graue Federbällchen dicht nebeneinander auf dem Ast und werden von beiden Eltern gefüttert. Im Herbst sind die Mönchsgrasmücken täglich vor dem Holunderbusch zu sehen. Seine Beeren sind die beste Fitnesskur für den weiten Zug.

Er singt immer seinen Namen

Stundenlang ertönt er aus der hohen Eiche, der zweisilbige Gesang in einer schön klingenden Terz. Der kleine grüne Sänger singt „zilp-zalp". Jeder kann den Laut nachpfeifen. Und weil das so einleuchtend klingt, wird der Weidenlaubsänger eben Zilpzalp genannt.

Zilpzalp
Phylloscopus collybita

- Grasmückenartige
- G 11 cm
- März – Oktober

Merkmale

Eintöniger, wie „zilp-zalp-zilp-zalp" klingender Reviergesang; Geschlechter gleich; Gefieder oben olivbraun, unten weißgelb; heller Überaugenstreif; große, dunkle Augen; heller Augenring; dunkle Beine.

Der **Zilpzalp** ist eine typisch buschbewohnende Art. Wie alle Laubsänger. Ihr Beruf ist es, durch Zweige und Blätter zu schlüpfen, um dort Spinnen und Insekten zu sammeln. Damit sie sich nicht ins Gehege kommen und Konkurrenz machen, haben sie sich Waldtypen und Baumbereiche untereinander aufgeteilt. So hat der Zilpzalp unter allen Laubsängern die besten Klammerfüße. Damit kann er die dünnsten Zweige umklammern, aber auch auf dem Zug Schilfgebiete als Nahrungsbereich nutzen. Zusätzlich kann das Leichtgewicht von 9 g auch flatternd Mücken aufpicken. Nicht immer allerdings kann man sicher sein, einen Zilpzalp zu beobachten. Denn der Fitis-Laubsänger bewohnt ebenfalls Gärten und Parks und ist selbst mit dem besten Fernglas nicht zu unterscheiden. Nur bei "zilp-zalp" ist alles klar, denn der Fitis (Foto links unten) ruft „hü-it".

Der Herr der Rinde

Das Schema ist immer das gleiche. Der kleine Vogel mit dem langen Pinzettenschnabel landet unten am Stamm, klettert mit ruckartigen Bewegungen hinauf, steckt seinen Schnabel in jede Ritze und fliegt zum nächsten Baum. Dort beginnt das gleiche Spiel wieder von unten nach oben.

Gartenbaumläufer
Certhia brachydactyla

- **Baumläufer**
- **G 12 cm**
- **ganzjährig**

Merkmale

Blaumeisengroßer Vogel, der sich besonders am Stamm von Laubbäumen aufhält; Geschlechter gleich; Gefieder oben rindenfarbig graubraun, unten weißlich; zarter, abwärts gebogener Schnabel; langer Schwanz.

Der **Gartenbaumläufer** fehlt in keinem Park und Obstgarten. Überall, wo rissige Rinde viele Insektenverstecke verspricht, fliegt er an. Oft kontrolliert er täglich über 200 Bäume. Dabei legt er kletternd 2 – 3 km zurück. Selbst sein Nest legt er hinter rissiger Borke an. Berühmt wurde er wegen seiner Fähigkeit zum Lernen. Als ein Brutpaar im Inneren eines Hohlblocksteines brütete, nutzte ein Zoologe die Situation für einige Experimente. Er fand heraus, dass Baumläufer sich ihren Nestbaum einprägen und zwei Anflugwege lernen. Dabei merken sie sich sogar ungewöhnliche Gegenstände in Nestnähe. Gartenbaumläufer sind sehr kälteempfindlich. Dennoch bleiben sie im Winter bei uns. Um zu überleben, schlafen sie in kalten Nächten als Knäuel am Stamm und wärmen sich gegenseitig. Über ein Dutzend Vögel fand man schon zusammen schlafend, lediglich die Schwänze schauten sternför-

Grauschnäpper
Muscicapa striata

- Fliegenschnäpper
- G 14 cm
- April – September

Merkmale
Größter heimischer Fliegenschnäpper; der einzige mit fein dunkel gestrichelter Unterseite und unscheinbarer graubrauner Oberseite; große dunkle Augen; sitzt oft auf erhöhter Warte und fängt von dort aus Insekten.

Ein grauer Flieger auf Mückenjagd

Was mag einen Vogel bewegen, im Schuppen in einer alten Petroleumleuchte zu brüten? Oder in der Lampenschale der Garage? Doch was für uns oft unverständlich ist, kann aus Vogelsicht ein idealer Lebensraum sein. So ist auch ein Garten für den Grauschnäpper ein Fliegenparadies.

Aufmerksam sitzt der **Grauschnäpper** auf der Lenkstange des abgestellten Fahrrads. Das ist sein momentaner Lieblingsplatz im Garten. Dann wieder tagelang der Griff der hochgestellten Schubkarre. Gegen Abend summt es hier von Mücken und Fliegen. Der Fliegenschnäpper fliegt ab, schnappt ein Insekt aus der Luft und flattert zu seinem Aussichtspunkt zurück. Dann zuckt er mit den Flügeln und dem Schwanz. Aufmerksam verfolgt er die Sechsbeiner und startet erneut. Sein eigentlicher Lebensraum sind Waldlichtungen. Dort brütet er in Efeuranken, im dichten Stammausschlag oder in allen natürlichen und künstlichen Halbhöhlen. Beide Eltern füttern ihre fünf bis sieben Jungen sehr eifrig bis zu 40 Mal in der Stunde. Kurz vor dem Wegzug im Herbst steht er im Flatterflug vor dem Holunder und Faulbaum. Deren Früchte bauen schnell Fettreserven für den Flug nach Südafrika auf.

Blaumeise
Parus caeruleus

- Meisen
- G 12 cm
- ganzjährig

Merkmale

Unverwechselbar, einziger heimischer Vogel mit einem blaugelben Federkleid; Weibchen etwas matter gefärbt als die Männchen; sehr lebhaft, turnt geschickt mit dem Bauch nach oben.

Wenn es eng wird, hat die Blaumeise Vorteile

Kohl- und Blaumeisen sind Konkurrenten um Nisthöhlen. Ist das Angebot gering, sind die Kohlmeisen die Stärkeren. Gibt es aber Nisthöhlen mit Schlupflöchern von maximal 27 – 28 mm Durchmesser, können Blaumeisen ungestört brüten. Das zeigten Beobachtungen in der Oberrhein-Ebene.

Vogelberinger entdeckten eine weitere Vorliebe der **Blaumeise**. Während der Zugzeit verlassen diese Waldmeisen die herbstfarbenen Wälder und bevölkern in Scharen heimische Schilfflächen. Dort überwintern viele Insekten und bieten ihnen auch im Winter eine Nahrungsbasis. Viele bleiben aber auch in Menschennähe. Mit ihrem harten Meißelschnabel schaffen sie es, Sonnenblumensamen aufzupicken, aber auch Spinnen aus der Borke zu holen. Meisen sind berühmt dafür, durch Nachahmung zu lernen. Als es 1948 einigen wenigen Blaumeisen in London gelang, die Deckel der Milchflaschen vor den Haustüren aufzupicken, konnten es bald darauf fast alle Blau- und Kohlmeisen Englands. Sehr zum Ärger der Milchmänner hatten sie es in kürzester Zeit von anderen gelernt. Und es brachte ihnen Vorteile, den fetthaltigen Rahm abzuschöpfen.

Kohlmeise
Parus major

- Meisen
- G 14 cm
- ganzjährig

Merkmale
Größte heimische Meisenart; wenig scheu; schwarzer Kopf mit weißen Wangen; Unterseite gelb mit einem breiten, schwarzen Mittelstreif beim Männchen und einem deutlich schmaleren beim Weibchen.

Fast jeder hat so eine Meise

Schon seit dem 15. Jahrhundert begegnet man in der Literatur dem Namen Kohlmeise. Wegen ihres glänzend schwarzen Kopfes hieß sie so in Straßburg oder Nonnette in Frankreich. Sie ist in Mitteleuropa die häufigste Meise und lebt das ganze Jahr bei uns.

Die **Kohlmeise** ist eine „Fleischmeise". Sie sucht fast ausschließlich Insekten, deren Raupen und Spinnen oder Tausendfüßer. Damit füttert sie auch ihre Jungen und hat reichlich zu tun. Sie legt meist neun Eier und ist mit dem Insektenbedarf für die Jungen ein willkommener Schädlingsbekämpfer. Zahlen aus einer Großuntersuchung: Bei durchschnittlich elf Jungen im Nest erfolgten 637 Fütterungen je Brut und Tag. Ein Nestling bekam pro Tag 58 Mal Insektenfutter. In kleinen Bruten mit durchschnittlich fünf Jungen bekamen diese sogar 78 Portionen pro Tag gereicht. Die produktiven Kohlmeisen leiden häufig an Kalziummangel, das in den Insekten selten vorkommt. Dadurch gibt es viele Verluste durch dünnhäutige Eischalen. Als Ausweg picken die Kohlmeisen dann Schneckenhäuser an.

Von Beruf Stammläufer und Maurer

Alte Bäume mit rissiger Borke und ausgefaulten Astlöchern sind sein Lebensrevier. Wo der Waldvogel diese Bedingungen findet, bleibt er meist ein Leben lang. Seinen Namen hat er wegen seiner Eigenart, Nisthöhlen mit Lehm auf Körpergröße zuzumauern.

Wenn die Raupen von Frostspanner, Kiefernschwärmer oder Nonne den Stamm hinauflaufen, um ins Blätterdach zu gelangen, begegnen sie sicher dem **Kleiber**. Dem agilen Kletterer mit der blaugrauen Oberseite entgeht an seinem Baum nichts. Mit fast hüpfenden Sprüngen klettert er an Baumstämmen empor und steckt seinen meißelförmigen Schnabel in jede Borkenritze. Als einziger heimischer Vogel kann er auch abwärts klettern. Seine Zehen tragen spitze Krallen und geben ihm Halt. Beim Aufwärtsklettern stützt ihn zusätzlich der Schwanz. Die Borke der Bäume ist sein Lebensraum. Selbst das Nest in einer Asthöhle ist aus kleinen Borkenstückchen zusammengesetzt. Und darunter versteckt er für den Winter Sonnenblumenkerne und kleine Nüsse. Oft klemmt der Kleiber auch Nüsse in Borkenspalten und hackt sie auf. Im Frühjahr singt er im Park sein Revierlied:
„Wihe-wihe-wihe".

Kleiber
Sitta europaea

- **Kleiber**
- **G 14 cm**
- **ganzjährig**

Merkmale
Weit verbreiteter Vogel, gedrungen, mit kurzem Schwanz und einem starken spechtartigen Schnabel; Oberseite und Scheitel blaugrau, Unterseite rahmgelb; schwarzer Augenstreifen; klettert unermüdlich.

Die lauten Stadtvögel

Saatkrähen sind Koloniebrüter und haben sich in den Städten eingenistet. Sie sind gesellig und laut und ziehen zunehmend unseren Unmut auf sich. Vertreiben lassen sich die Tiere nicht. Lediglich Greifvögel können sie verunsichern. So müssen wir wohl mit dem Beschiss von oben leben.

Saatkrähe
Corvus frugilegus

- **Rabenvögel**
- **G 46 – 47 cm**
- **ganzjährig**

Merkmale

Typisch ist die unbefiederte weiße Schnabelwurzel der Altvögel; schwarzes Gefieder mit blauem Metallschimmer; Unterschied zur Rabenkrähe: Bauch- und Schenkelgefieder wird im Stehen locker abgespreizt.

Dämmerung über Kiel. Von allen Seiten nähern sich Scharen dunkler Vögel und steuern einen bestimmten Punkt an. Die Hochbrücke über dem Nord-Ostsee-Kanal ist ihr Ziel. Seit Jahrzehnten ist das luftige Bauwerk der Schlafplatz der **Saatkrähen**.

Früher wurden die Vögel mit der hellen Schnabelwurzel verfolgt, weil sie in der Maissaat Schäden anrichteten. Heute halten spezielle Drillmaschinen die Ausfälle klein. Und heute weiß man, dass die Saatkrähen sich über Drahtwürmer, Schnecken und Käferlarven hermachen. Bei dieser nützlichen Suche halten sie Abstand und befreien so ein Feld sehr gründlich von Schädlingen. Saatkrähen leben in Dauerehe und bleiben einem Nistplatz lange treu. Die großen Winterschwärme aus Tausenden von Vögeln sind Gäste aus Osteuropa.

Die Stimmen der Ruinen

Alte Gemäuer und das hundertfache „kjack“ dieser Vögel gehören zusammen. Die geselligen Vögel lärmen immer und sind ungewöhnlich lernfähig. Konrad Lorenz hat sie aufgezogen und studiert. Sie wohnen meist in Menschennähe. Und das schon seit ewiger Zeit.

Dohle
Corvus monedula

- Rabenvögel
- G 33 cm
- ganzjährig

Merkmale
Gesellige Vögel; Gefieder der Altvögel schwarz mit grauem Nacken und grauem Hinterkopf, das der Jungvögel braunschwarz; auffällig helle Augen; Schnabel kurz, schwarz; Beine schwarz; Geschlechter gleich.

Für Höhlenbrüter an steilen Felsen müssen Menschen einst Glücksboten gewesen sein. Als diese begannen, große Häuser und Türme wie künstliche Felsen zu bauen, nahmen viele Vögel diesen Lebensraum aus Menschenhand an. Seit dieser Zeit leben die **Dohlen** in unserer Nähe. Dieser Rabenvogel beobachtet uns genau. Er lernte die Handbewegungen des sähenden Bauerns genau so schnell deuten wie heute den Nahrung versprechenden Pflug. Dohlen können sicher bis sechs zählen, ergaben Dressurversuche. Und offensichtlich menschelt es bei ihnen auch. Sie verloben sich schon im ersten Herbst, pflanzen sich im zweiten Sommer fort und leben offenbar in Dauerehe. Sie leben in Gruppen zusammen und streiten sich ausgiebig. Und immer ahmen sie andere Geräusche nach und können sogar Wörter erlernen. Auch ihr Sozialverhalten ist ausgeprägt: Paare füttern sich und pflegen sich gegenseitig das Gefieder.

Elster
Pica pica

- **Rabenvögel**
- **G 44 – 48 cm**
- **ganzjährig**

Merkmale
Wachsamer Vogel mit kontrastreich glänzendem schwarz-weißen Gefieder und langem stufigen Schwanz; Schnabel und Beine schwarz; Geschlechter sehen gleich aus; läuft am Boden mit wackelndem Gang.

Die Elster baut sich ein Dach überm Nest

Vor dem Laubaustrieb sind ihre großen Nester in den Bäumen schon von weitem an der typischen Haube aus Zweigen (Foto links unten) zu erkennen. Mittlerweile sind sie in der Landschaft und auch in unseren Städten überaus häufig. Aber nicht überall wird darin gebrütet. Oft sind es auch nur Schlafnester.

Die **Elster** ist ein Problemvogel. Sie ist in die Städte gezogen, wahrscheinlich, um dem Druck von Greifvögeln zu entgehen. Dort im Schlaraffenland hat sie sich rasch vermehrt. Darin liegt das Problem. Denn als Allesfresser plündert die Elster häufig die Nester anderer Vögel. Dabei setzt sie verschiedene Fähigkeiten ein. Zum einen reagieren viele Singvögel aufgeregt auf ihr Schackern und verlassen das Nest. Zum anderen besitzen Elstern eine große Lernfähigkeit und beobachten ihre Umgebung genau. Damit sind sie sehr effiziente Räuber. Sicher lernen die Singvögel bald mit ihrem Problemvogel umzugehen.
Für uns bleibt nichts anderes, als den schlauen Vogel mit dem schönen Erzglanz im Gefieder zu bewundern. Sitzt eine Elster auf dem Dach, kommt bald lieber Besuch, heißt es.

Ein Star verkündet den Frühling

Er ist der bekannteste Vogel in Menschennähe. Seine Lieder bedeuten für uns Frühlingsbeginn. Oft bauen wir ihm ein Haus mit Sitzstange. Wir sehen ihm gerne zu, wenn er Regenwürmer aus dem Rasen zieht. Aber wenn er sich in Schwärmen über unsere Kirschen hermacht, mögen wir ihn nicht mehr.

Star
Sturnus vulgaris

- Stare
- G 21 cm
- März – September

Merkmale

Amselgroßer Vogel mit abwechslungsreich schwätzendem Gesang; Geschlechter ähnlich; zur Brutzeit mit schwarzem, grün bis purpur schillerndem Gefieder und langem, spitzem, zitronengelbem Schnabel.

Jeder **Star** braucht einen Stammbaum. Der liegt im lockeren Mischwald oder mitten in der offenen Landschaft und enthält eine Spechthöhle oder ein ausgefaultes Astloch. Dort brütet er viele Jahre hintereinander. Doch irgendwann haben wir uns die Stare mit ihren Frühlingsliedern als natürliche Schädlingsbekämpfer in die Gärten geholt. Schon Mitte des 17. Jahrhunderts baute man in Schlesien Nistkästen für Stare. Sie vermehrten sich wie im Schlaraffenland. Im Sommer und Herbst fallen nun Stare massenhaft in Weinberge ein und richten große Schäden an. Das ist die Zeit des Sammelns für den Zug in die Überwinterungsgebiete. Die mitteleuropäischen Stare fliegen nach Südeuropa, die nordöstlichen überwintern bei uns. So entsteht der Eindruck, als blieben immer mehr Stare im Winter hier. Im Frühling ist er dann wieder unser Star im Garten.

Haussperling
Passer domesticus

- Sperlinge
- G 15 cm
- ganzjährig

Merkmale

Einer der bekanntesten Vögel; wirkt plump, großer Kopf und kräftiger Schnabel; Männchen (Foto oben) mit grauem Scheitel, schwarzem Latz und braun gestreifter Oberseite; Weibchen und Jungvögel unscheinbar graubraun.

Die lautstarke Familie unter der Dachrinne

Im griechischen Altertum stand der Spatz in hohen Ehren. Die Tempelsperlinge waren sogar heilig, und wer ihnen schadete, wurde mit dem Tode bestraft. Sie leben fast überall auf der Erde in Menschennähe und nisten sich in jeder kleinen Nische unter dem Dach ein.

Rund 3600 Federn trägt der **Haussperling** als Federkleid auf dem Leib. Es wiegt gerade einmal 1,9 g. Der ganze Vogel ist ein Leichtgewicht von nur 30 g. Damit fliegt er im Schwarm um die Häuser, findet jedes Korn, das ein Bauer verlor, plantscht in Pfützen und badet ausgiebig im Staub. Der Dreckspatz hatte lange Zeit kein hohes Ansehen. Doch das ändert sich gerade wieder. Wissenschaftler entdeckten, wie erfolgreich seine Lebensstrategien sind. Bei guter Nahrungslage übergeben die Eltern ihre Halbwüchsigen an Onkel und Tanten, um schnell weitere Nachkommen zu erbrüten. Als Großfamilie ist man sicherer vor dem Sperber, dessen scharfe Augen viele auseinander stiebende Spatzen verwirren. Bei Alarm kennt jeder seinen Fluchtweg. Das Versteck ist oft eine Fichtenhecke.

Der Spatz mit der braunen Kopfbedeckung

Erdfarben ist der braune Kopf des männlichen Feldsperlings. Das sicherste Kennzeichen, um ihn vom grauköpfigen Haussperling zu unterscheiden. Und tatsächlich meidet er bei uns auch die Stadt und bewohnt lieber offenere Gebiete.

In Bangkok allerdings lebt der **Feldsperling** mitten in der Großstadt. In ganz Ost- und Südostasien ist er der Spatz unter dem Dach. Wahrscheinlich, weil der Haussperling dort nicht vorkommt. In Europa dagegen muss der schmächtigere Feldsperling in den Städten wohl dem Haussperling weichen. Im Winter leben die beiden Arten friedlich in großen Gruppen zusammen und nehmen auch Buchfinken mit in den Schwarm auf. Im Sommer sind sie Konkurrenten um Nisthöhlen. Der Feldsperling nutzt gerne Starenkästen und in Kiesgruben besonders gerne die Höhlen der Uferschwalben.

Den vermeintlichen Schaden, den Spatzen in Getreidefeldern anrichten, machen sie längst wieder wett, wenn sie ihre zahlreiche Nachkommenschaft mit Blattläusen und Insektenlarven füttern. Schließlich brüten sie drei- bis viermal pro Jahr.

Feldsperling
Passer montanus

- Sperlinge
- G 14 cm
- ganzjährig

Merkmale

Etwas kleiner und schlanker als der Haussperling; Altvögel mit kastanienbraunem Oberkopf und Nacken, schwarzem Augenstreif, weißen Wangen und schwarzem Kehlfleck; Geschlechter gleich.

Bluthänfling
Carduelis cannabina

- Finken
- G 13 cm
- ganzjährig

Merkmale
Kleiner Finkenvogel mit kurzem Schnabel und langem gegabelten Schwanz; Männchen zur Brutzeit mit rotem Scheitel und roter Brust; Weibchen und Jungvögel stets ohne Rot; typischer nasaler Flugruf.

Der Vogel der Friedhöfe

Schon Mitte März sucht der Bluthänfling nach Nistgelegenheiten. Er baut sein Nest häufig in immergrüne Bäume wie Wacholder, Thujen, Eiben, Fichten und Tannen. Das sind auch die bevorzugten Bäume unserer Gottesäcker. Und hier leben die „Bluetströpfli", wie Schweizer den Vogel nennen.

Der **Bluthänfling** liebt Leinsamen über alles. Deshalb war er früher der Hanfvogel, denn die Begriffe Hanf, Lein oder Flachs bezeichnen alle ein und dieselbe Pflanze. Außerhalb der Brutzeit durchstreifen die Hänflinge in großer Zahl die Landschaft. Auffällig eng zusammen fliegen diese Finkenvögel und „tanzen" neben der Straße auf und ab, bevor sie sich endlich niederlassen. Dabei rufen sie „geckgeckgeck". Regelmäßig suchen sie die Wildkräutersäume von Feldrändern und Straßen nach Samen ab. In milden Wintern streunen sie gemeinsam mit anderen Finken über die Meeresstrände. Bei Frost weichen sie ins Mittelmeergebiet aus. Zur Brutzeit sind sie sehr heimlich und huschen schnell in ihren blickdichten Busch. Dort füttern sie ihre vier bis sechs Jungen mit eingeweichten Sämereien aus dem Kropf.

Der grüne Fink, der klingelnd singt

Er ist einer der häufigsten Singvögel in Dorf und Stadt. Im Sommer brütet er in unseren Gartenbüschen, im Winter verteidigt er hartnäckig die Sonnenblumenkerne im Vogelhaus. Gelbgrün sind seine Federn und sein kräftiger Schnabel weist auf die Verwandtschaft mit den Finkenvögeln hin.

Grünling
Carduelis chloris

- **Finken**
- **G 15 cm**
- **ganzjährig**

Merkmale
Größter Fink; Männchen oben olivgrün, unten gelbgrün; gelbe Abzeichen an Flügeln und Schwanz; kräftiger, schmutzig rosafarbener Schnabel; Weibchen ähnlich, aber matter.

Sag mir, wie dein Schnabel ist, dann weiß ich, was du frisst. Der Schnabelbau bestimmt die Nahrung. Als englische Wissenschaftler untersuchten, wie Finkenvögel sich die Nahrung aufteilen, stellten sie fest, dass die Größe des Schnabels die Art des Futters bestimmt. Die größten Samen frisst der Kernbeißer. Dann folgt der **Grünling** oder Grünfink mit Samen mittlerer Größen. Hänfling und Zeisig teilen sich kleine Sämereien. Zur Abwechslung gibt es Knospen und merkwürdigerweise gelbe Blüten. Oft brüten Grünlinge bei uns in Thujen. Diese Bäume geben schon im zeitigen Frühjahr Deckung für das Nest, das aus dürren Reisern und Halmen besteht. Für ein Finkennest ist es nicht gerade sehr kunstvoll. Das Weibchen baut es allein. Schon um den 10. April, fängt es an zu brüten. In manchen Jahren ziehen Grünlinge sogar drei Bruten hoch.

Buchfink
Fringilla coelebs

- **Finken**
- **G 15 cm**
- **ganzjährig**

Merkmale
Der am weitesten verbreitete Vogel Mitteleuropas; Männchen bunt: Scheitel und Nacken schieferblau, Rücken rostbraun, Unterseite bräunlich rosa, Flügel dunkel, mit zwei weißen Binden; Weibchen olivbraun (Foto rechts unten).

Zink sagt der Fink

Unermüdlich wiederholt der Buchfink sein strahlendes Lied. Hoch beginnt es, sinkt ab, wird zu einem Rollen und endet mit einem „Schnapp", wie es früher hieß. Es gibt viele Übersetzungen in die Menschensprache. Am bekanntesten ist „zink zering zink zink zink ziah".

Wer in Europa die Namen Pinson, Pinchard, Finch, Finke oder von Finkenstein trägt, verdankt ihn wohl dem **Buchfink**. Sehr wahrscheinlich waren seine Vorfahren Finkler, was Finkenfänger bedeutet. Der männliche Buchfink war einer der beliebtesten Singvögel und wurde lange Zeit zur Käfighaltung gefangen. Sein Lautinventar ist sehr ungewöhnlich. Hört man zwei Buchfinkenmännchen nebeneinander, so unterscheiden sich ihre Strophen sehr deutlich. Tonanalysen zeigten, dass sich Buchfinken Dialekte zulegen. So nehmen sie den Ruf eines Sperbers auf und bauen ihn in ihr Lied ein oder ahmen Meisen nach. Auch die Jungen sprechen später diesen Dialekt. Man wertet das als Erkennungszeichen einer genetisch erfolgreichen Gruppe. Ein eifriger Buchfink singt sein Lied an jedem Frühlingstag rund 4000 Mal.

Der rote Fink mit der schwarzen Kappe

Im skandinavischen Sprachraum war er der Dompap oder das Pfäffchen. Seine schwarze Kappe und seine füllige Erscheinung führten wohl zu dem Vergleich mit den Geistlichen. Der Name Gimpel soll aus dem bayrischen Wort „gumpen“ für hüpfen stammen.

Gimpel
Pyrrhula pyrrhula

- **Finken**
- **G 14 – 16 cm**
- **ganzjährig**

Merkmale
Unverwechselbar; Männchen mit leuchtend roter Unterseite, schwarzer Kopfkappe, kräftigem schwarzem Schnabel und grauen Flügeldecken; Weibchen blasser gefärbt; im Flug fällt der weiße Bürzel auf.

Der Vogelsberg zwischen Gießen und Fulda hat seinen Namen nach dem **Gimpel**. Dort kaufte man früher diese Vögel von den Bauern als beliebte Käfigvögel. Auch für einen Gimpel aus dem Frankenwald wurde früher viel Geld gezahlt, wenn er gut singen konnte. Doch das war nicht so leicht, denn Gimpel singen von Natur aus nur ein leises, quietschendes Lied. Wenn aber die Weber und Korbflechter dem Vogel stundenlang Lieder vorpfiffen, brachten es Gimpel zur Meisterschaft. Als Knospenfresser lebten sie im Wald, doch das warme Klima der Städte lockte sie in unsere Gärten. Dort gibt es quellende Knospen schon früher im Jahr. Das Nest wird aus flachen Reisern geschichtet und mit feinen Wurzeln und Haaren gepolstert. Vorzugsweise liegt es in einer dichten Fichte, einem Wacholderstrauch oder einer Eibe. Ein Brutpaar bleibt meist ein Jahr lang zusammen. Es wurden aber auch schon mehrjährige Ehen beobachtet.

An Seen und Teichen

Majestätisch rudert der Höckerschwan über den Teich. Stolz sind seine Flügel aufgerichtet, der Hals hoch emporgereckt. Rund 25 000 weiße Federn trägt der Vogel als Kleid. Sein Revier sind Seen und Teiche. Wer hier erfolgreich leben will, muss zum Beispiel ein schneller Taucher sein, um Fischen unter Wasser hinterherzujagen oder Schnecken vom Grund heraufzuholen. Eine weitere Strategie ist es, zu gründeln oder mit „Schwänzchen in die Höh'" Unterwasserpflanzen abzuweiden. Einem massigen Höckerschwan wird es nie gelingen zu tauchen. Aber mit dem langen Hals gründelnd die Unterwasserwiesen abzuweiden, das gelingt ihm bestens.
Ein Teich hat viele Überraschungen bereit. Manchmal balanciert ein Teichhuhn wie eine Tänzerin über die großen Seerosenblätter. Und dann wieder baut ein Teichrohrsänger ein kunstvolles Pfahlnest zwischen drei Schilfhalme. Die Meister der Seen und Teiche sind die Taucher. Bei der Balz tanzt der Haubentaucher mit seiner Partnerin ein Wasserballett. Dann bauen sie ein Schwimmnest. Bei Gefahr können sie blitzschnell abtauchen.

Als würden Pinguine auf dem Wasser tanzen

Wenn Anfang März die Haubentaucher aus Südosteuropa zurückkehren, vollführen die Paare besondere Balztänze. Beide schwimmen mit gesträubter Haube aufeinander zu und recken sich hoch aus dem Wasser. Heftiges Kopfschütteln heißt „ja".

Haubentaucher
Podiceps cristatus

- Lappentaucher
- G 46 – 51 cm
- März – September

Merkmale

Zur Brutzeit Männchen und Weibchen mit auffälligem Kopf- und Halsschmuck; im Winter ist die charakteristische Haube nur angedeutet, die Federohren sind zurückgebildet und die Halskrause fehlt.

Ende April tauchen **Haubentaucher** geschäftig. Sie bringen Rohrstängel, faulende Teile von Seerosenblättern, Wasserhahnenfuß und Schlamm zu einer windgeschützten Stelle am Schilfrand und türmen sie auf. Jeden Tag bauen sie an ihrem Schwimmnest. Im Abstand von zwei Tagen werden die vier Eier gelegt. Anfangs sind sie noch bläulich weiß, später werden sie von den fauligen Wasserpflanzen kaffeebraun. Verlässt der Taucher sein Nest, deckt er die Eier sorgfältig mit Pflanzen zu. 25 Tage brüten beide abwechselnd. Dann schlüpfen die gestreiften Küken. Anfangs verbringen sie die meiste Zeit unter den Flügeln der Eltern und werden sogar zum Tauchen mitgenommen. Rund 200 g Kleinfische, Wasserinsekten, Krebstiere, Schnecken oder Kaulquappen fangen die Haubentaucher täglich unter Wasser.

Laute Triller an kleinen Teichen: Das Duett der Zwergtaucher

Zu sehen sind sie selten, die kleinsten Taucher der heimischen Vogelwelt. Entweder verstecken sie sich in der Ufervegetation oder sie sind abgetaucht. Doch das laute „dididididi"-Getriller verrät die Zwergtaucher. Sie fehlen an keinem Tümpel.

Zwergtaucher
Tachybaptus ruficollis

- Lappentaucher
- G 25 – 29 cm
- ganzjährig

Merkmale

Kleinster Taucher Europas; fliegt meist knapp über dem Wasser; zur Brutzeit Wangen und Hals kastanienbraun, heller Fleck am Schnabelgrund; im Winter unauffällig graubraun gefärbt.

Mal tanzt er wie ein Korken auf dem Wasser, mal schwimmt er bis zum Hals unter Wasser. Bei Gefahr stürzt er sich kopfüber in die Tiefe und taucht wenig später wieder auf. Kein anderer Vogel kann so mit der Luft im Gefieder spielen wie der **Zwergtaucher**. Gerade mal 150 g wiegt der behende Vogel. Beide Partner bauen ein Schwimmnest, beide Gatten bebrüten die fünf bis sechs Eier. Zur Brutablösung bringen sich Zwergtaucher ein paar grüne Wasserpflanzen im Schnabel mit. Immer wieder täuscht der Mond die bei Nacht umherziehenden Zwergtaucher. Wenn das Mondlicht in Regennächten Straßen zu hellen Bändern macht, landen häufig Zwergtaucher darauf und schürfen sich ihre Ruderfüße auf. Sie hatten die Straße mit der glänzenden Oberfläche von Flüssen und Teichen verwechselt und wurden Opfer unserer Welt.

Kormoran
Phalacrocorax carbo

- Kormorane
- G 80 – 100 cm
- ganzjährig

Merkmale

Schwarzer Wasservogel mit weißem Kinn und weißen Wangen; sitzt oft mit ausgestreckten Flügeln auf Pfählen; schwarzes Gefieder mit Metallglanz; großer Schnabel mit Haken an der Spitze.

Der Fischer mit den dunklen Federn

Wie Sonnenanbeter sitzen sie vormittags auf den Buhnen der Ostsee. Ihre Flügel halten sie ausgespannt, um sie vom Seewind trocknen zu lassen. Dann fliegen sie 15 Kilometer landeinwärts zum Plöner See. Auf kahlen Bäumen mitten im See stapeln sich ihre Nester.

Einen glatten Aal kann auch ein **Kormoran** mit seinem Schnabel nicht festhalten. Und dennoch sind Aale seine Hauptbeute. Mit heftigen Paddelschlägen seiner Schwimmfüße taucht er ihm hinterher und packt ihn mit seinem Hakenschnabel genau bei den Kiemen. Das ist die einzige verwundbare Stelle des Aals. Dann taucht der Vogel auf, wirft den Fisch lässig in die Luft und lässt ihn kopfüber in den Schlund gleiten. Kein Wunder, dass so ein eleganter Fischfänger den Fischern ein Dorn im Auge ist. Vor allem, wenn eine Brutkolonie in der Nähe siedelt. Kormorane brüten an küstennahen Seen und Binnengewässern. Wo sie ihre Nester bauen, sterben die Bäume bald ab. Zu scharf ist der Kot der Fischfresser. Für den Kormoran gibt es bei vielen Naturschutzbehörden Programme, die den Vögeln, aber auch den Fischern helfen. Man schätzt den Tagesbedarf eines Kormorans auf 420 – 450 g Fisch.

Fische fängt er mit Geduld

Langsam fliegt der storchengroße Vogel über den Abendhimmel. Seine Beine sind gestreckt, doch der Hals ist S-förmig eingezogen. Mit langsamen rudernden Bewegungen gleitet der Vogel gleichsam durch die Luft. Nach der Landung im Teich lauert er bewegungslos.

Graureiher
Ardea cinerea

- **Reiher**
- **G 90 – 98 cm**
- **ganzjährig**

Merkmale

Größter und häufigster Reiher Europas; steht stundenlang bewegungslos im Wasser; Gefieder überwiegend grau; zwei lange Schmuckfedern im Nacken; langer Hals; lange Beine; langer, dolchförmiger Schnabel.

Strenge Winter sind für den **Graureiher** verheerend. Wenn Teiche und Seen zufrieren, findet der Fisch- und Amphibienfresser keine Beute mehr. Zum Teil kann er sich dann mit Feld- und Schermäusen über Wasser halten. Oft versucht er auch, in Fischzuchtanstalten satt zu werden. Deshalb schätzt man dort Reiher nicht sehr. Versuche ergaben, dass einige über die Hälterteiche gespannte Schnüre Graureiher vom Landen abhalten. Außerdem kann man ihn gut an flache und ungenutzte Naturteiche anlocken. Dort ist es für ihn einfacher, Kleinfische zu fangen als in tieferen Fischteichen. Graureiher brüten in Kolonien auf hohen Bäumen. Jahr für Jahr werden die Horste ausgebessert. Nach 30 Tagen schlüpfen die Jungen und bleiben zwei Monate im Nest. Zum Beutefang fliegen die Eltern oft 18 Kilometer weit. Obwohl die Flügel des Graureihers nur aus 30 Federn an Arm- und Handschwingen bestehen, tragen sie den großen Vogel.

Der Vogel mit den tausend Augen

Die Wachsamkeit der Gänse ist sprichwörtlich. Haben normale Vögel zwei Augen, so haben Gänse mindestens auf jeder Feder ein weiteres, sagt der Volksmund. Einst retteten sie im römischen Reich mit ihrem Schnattern das Capitol vor Feinden.

Graugans
Anser anser

- Entenvögel
- G 75 – 90 cm
- ganzjährig

Merkmale
Große, kräftige, hellgraue Gans mit orangefarbenem Schnabel und fleischfarbenen Beinen; fliegt in typischer Keilformation oder in einer Linie; im Flug auffällig silbergraue Vorderkanten an den Flügeln sichtbar.

Seit den epochalen Erkenntnissen von dem Verhaltensforscher Konrad Lorenz sind **Graugänse** weltberühmt. Kurz nach der Geburt werden die Küken auf das erste Lebewesen, das sie erblicken, geprägt und folgen ihm ein Leben lang. Neuerdings wissen wir auch, dass Gänse ihre Nahrung mit der Nase finden. Als Vegetarier wählen sie Gräser und Pflänzchen sehr gezielt aus. Auch ihre Heimat erkennen sie am Duft. Graugänse bewohnen flache Gewässer mit fuchssicheren Inseln und weiter Umsicht. Ein Paar bleibt ein Leben lang zusammen, eine Familie bis zur nächsten Brut. Während die Gans auf dem erhöhten Nest ihre Eier bebrütet, wacht der Ganter. Bei Alarm ertönt ein Trompetenstoß. Ist alles in Ordnung, näseln die Gänse ständig „ga-gang-gang“. Die Graugans ist die Stammform unserer Hausgänse.

Mein lieber Schwan

In der germanischen Mythologie galt er als Vogel der Weissagung. Noch heute sagt man, es schwant mir etwas. Und die Griechen erkoren den Schwan als Begleiter der Göttin der Schönheit. Noch heute bewundern wir den majestätischen Vogel, wenn er auf dem Wasser thront.

Höckerschwan
Cygnus olor

- Entenvögel
- G 125 – 160 cm
- ganzjährig

Merkmale
Größter und schwerster Schwimmvogel Europas; fliegt mit singendem Fluggeräusch; Gefieder weiß; Schnabel rot, mit deutlich sichtbarem schwarzem Höcker; Jungvögel graubraun, mit grauem Schnabel.

Wilde **Höckerschwäne** findet man nur noch in Skandinavien. Alle heimischen Tiere sind meist schon halbzahm und stammen von ausgesetzten Tieren ab. Doch das ändert nichts an ihrer Anmut. Mit halb erhobenen Flügeln rudert ein Männchen über den Parkteich und zeigt unübersehbar an: Dies ist mein Gebiet. Brutreviere sind meist schon Mangelware, denn längst gibt es mehr Schwäne als Teiche. So gelangen nur durchsetzungsstarke Schwäne zur Brut. Wie zu Tschaikowskis Musik „Schwanensee" taucht ein balzendes Paar nacheinander die Hälse ins Wasser und reckt sie danach steil empor. Zum Nestbau schleppt das Männchen Unmengen von Sumpfpflanzen, Schilf oder Binsen heran. Das Weibchen baut daraus ein 2 m großes Nest. Die jungen Schwäne bekommen erst nach zwei Jahren schwanenweiße Kleider.

Stockente
Anas platyrhynchos

- Entenvögel
- G 50 – 65 cm
- ganzjährig

Merkmale
Größte und bekannteste Schwimmente; Männchen zur Brutzeit mit grünem Kopf, gelbem Schnabel, rostbrauner Brust und weißem Halsring; sonst überwiegend graubraun; Weibchen tarnfarben, mit blauem Flügelspiegel.

Die Mutter aller Hausenten

Die größte einheimische Schwimmente ist in der freien Natur sehr scheu. Doch wo sie sich sicher fühlt, wird sie zutraulich und manchmal handzahm. Auf Parkseen und Stadtteichen bildet sie zusammen mit gezüchteten Enten viele bunt gefärbte Bastarde. Von ihr stammen alle Hausenten ab.

Anfang Februar zeigen **Stockenten** merkwürdige Verhaltensweisen. Sie schütteln sich, recken den Kopf, putzen die Flügel, strecken das Schwänzchen in die Höhe oder schwimmen geduckt aufeinander zu. Konrad Lorenz war ihr aufmerksamer Beobachter und ordnete erstmals die einzelnen Verhaltensweisen. Wenn der Erpel den Schnabel ins Wasser taucht und plötzlich den Körper hoch reißt, stößt er einen Pfiff mit nachfolgendem Grunzen aus. Lorenz nannte das „Grunzpfiff“. Wenn er jedoch den Kopf hochnimmt und der Ente das Hinterteil zeigt, bezeichnete er das als „Aufreißen“. Die Schau endet mit lauten „räbräb“-Rufen. Die Erpel balzen jede Ente an, egal welcher Art. Entscheidend ist die Antwort der Ente. Streckt sie den Schnabel vor und bewegt den Kopf ruckartig nach unten, ist das ein Ja-Wort. Das Foto links unten zeigt genau diesen Moment.

Der Erpel mit dem Schokoladenkopf

Im März sind seine Farben am schönsten. Dann imponiert er dem Weibchen mit braunem Kopf, schwarzer Brust und grauem Rücken. Balzend legt er den Kopf in den Nacken und pfeift leise. Legt er aber den Kopf flach auf die Wasseroberfläche, sind sie verpaart.

Tafelente
Aythya ferina

- **Entenvögel**
- **G 42 – 49 cm**
- **ganzjährig**

Merkmale
Plumpe Ente mit hohem Kopf und flacher Stirn; Männchen (Foto oben) kontrastreich gefärbt mit braunem Kopf, schwarzer Brust und grauem Rücken; Weibchen dunkelbraun; typisch ein pfeifendes Fluggeräusch.

Die **Tafelente** war einst Sachsens häufigste Ente und ist noch heute im Kreis Köthen ein häufiger Brutvogel. Dort lag der Schwerpunkt ihrer Brutgebiete und reichte bis nach Polen. Doch dann begann diese Art zu wandern und hat heute Holland und England erreicht. Aufgestaute Teiche mit einer Verlandungszone sind ihr Lebensraum. Dort tauchen Tafelenten mit einem Sprung über Kopf in die Fluten und suchen sich Armleuchteralgen und Samen von Wasserpflanzen. Rund eine halbe Minute tauchen sie unter Wasser. Während die Weibchen in versteckten Nestern im Uferröhricht 25 Tage lang ihre neun Eier bebrüten, rotten sich draußen auf dem Teich „Männergesellschaften“ zum Federwechsel zusammen. Auf dem Ismaninger Stausee östlich Münchens leben im Sommer oft mehr als 20 000 Tafelenten. Im Frühjahr ist eine Besonderheit unter den Enten zu sehen: Ein verpaartes Männchen einer Tafelente füttert sein Weibchen.

Reiherente
Aythya fuligula

- **Entenvögel**
- **G 40 – 47 cm**
- **ganzjährig**

Merkmale
Kleine Tauchente; Männchen (Foto oben) mit schwarz-weißem Gefieder und einem langen schwarzen Schopf am Hinterkopf; Weibchen dunkel bräunlich gefärbt, mit nur kurzem oder wenig sichtbarem Schopf.

Mit Federschopf am Hinterkopf

Wie bei einem Reiher tragen Männchen und Weibchen einen abstehenden Federschopf am Hinterkopf. Beim Weibchen ist er kleiner. Schon mitten im Winter tragen sie ihr Brutkleid und sind überall an Parkteichen aus nächster Nähe zu beobachten. Achten Sie auf das Bernsteinauge.

Die **Reiherente** gibt es noch nicht sehr lange bei uns. Sie kam aus Ostsibirien und breitete sich schnell westwärts aus. Heute ist sie in der norddeutschen Tiefebene zu Hause. Aber auch München erreichte sie 1930, wie der bayerische Vogelpapst Walter Wüst beobachtete. Mit einem optisch hervorragenden und farbechten Fernglas lässt sich der wunderbare Purpurschimmer auf dem schwarzen Kopf des Männchens erkennen. Und wenn sich beide Partner kurz aufschütteln, ist auch der weiße Bauch zu sehen. Diese Tauchente ist ein Musterbeispiel für erfolgreiche Ausbreitung. Überall, wo wir Fischteiche, Baggerseen oder Parkgewässer anlegten, wurde die Reiherente heimisch. Ihr Erfolg heißt Anspruchslosigkeit: Ob Muschel, Insektenlarve, Fischlein oder Grünzeug – sie nimmt, wie es kommt.

Wo das Schilf bis zum Horizont reicht

Wo immer ein großes, geschlossenes Schilffeld den See ummantelt, ist sie im Mai zu sehen. Wie ein weit geöffnetes V sind ihre Flügel geöffnet, wenn sie über den Schilfwald segelt. Der Kopf zeigt nach unten. Plötzlich lässt sich der Vogel fallen und steigt mit Beute in den Fängen wieder auf.

Rohrweihe
Circus aeruginosus

- Greifvögel
- G 48 – 56 cm
- März – Oktober

Merkmale

Größte und schwerste heimische Weihe; fliegt oft mit angehobenen Flügeln niedrig über dem Boden; Männchen an Rücken und Oberflügeln braun, an Schwanz und Armschwingen hellgrau; Weibchen überwiegend braun.

Die **Rohrweihe** beherrscht viele Jagdtechniken. Im Frühjahr, wenn das Schilf noch gelb und licht ist, jagt sie Bisamratten und Blesshühner. Wenn dann später die Entenfamilien auf dem Teich schwimmen, schwebt sie so lange bedrohlich über den Küken, bis diese ermüden und nicht mehr tauchen können. Dann pflückt sie die Beute mit ihren langen Beinen vom Wasser. Das Männchen muss ganz allein Weibchen und Brut versorgen. Meist sind es vier bis fünf Junge, die zu ernähren sind. Oft lässt es die Beute in Horstnähe einfach aus der Luft ins Schilf fallen. Die Lebensbedingungen im Schilf sind nicht einfach. Gnadenlos scheint die Sonne ins Rohrnest und schwächt die Jungen. Gelegentlich kommt es dann sogar zu Kannibalismus. Fast fünf Wochen müssen sie hier verbringen und sind erst mit zwei Monaten voll flugfähig.

Teichhuhn

Gallinula chloropus

- Rallen
- G 32 – 35 cm
- ganzjährig

Merkmale

Schwimmt mit rhythmischen Kopfbewegungen und ständigem Schwanzzucken; schwarzes Gefieder, roter Schnabel mit gelber Spitze, roter Stirnschild, grüne Beine; Geschlechter gleich; Jungvögel dunkelbraun.

Das Huhn auf dem Dorfteich

„Rotblesschen" heißt es gelegentlich auch, weil sich diese Ralle mit dem roten Stirnabzeichen deutlich vom nahe verwandten Blässhuhn unterscheidet. Der Wasservogel geht oft an Land und läuft sehr geschickt. Beim Schwimmen nickt er ständig mit dem Kopf.

Im Winter sind **Teichhühner** zusammen mit ihren nahe verwandten Blässhühnern an jeder offenen Wasserstelle in Massen zu sehen. Sie lassen sich füttern, zeigen keinerlei Scheu und streiten sich mit den anderen um die Brocken. Zur Brutzeit lebt das Teichhuhn eher versteckt. Es ist ein Spezialist für Kleinstgewässer und bewohnt fast jeden Dorfteich oder Feuerlöschtümpel, sofern es eine Verlandungsvegetation gibt. Dort baut das Weibchen aus abgestorbenen Ufer- und Wasserpflanzen ein Nest auf eine Reisigplattform. Die schwarzen Dunenjungen haben eine rote Stirn und eine gelbe Schnabelspitze. Sie können von der ersten Lebensminute an schwimmen. Wenn sie erwachsen sind, beteiligen sie sich an der Fütterung und Aufzucht ihrer Geschwister der zweiten Brut. Eine Familie hält oft lange zusammen. Das älteste Teichhuhn wurde nachweislich 15 Jahre alt.

Der häufigste Wasservogel trägt „black and white“

Das fast entengroße Blässhuhn trägt untrügliche Kennzeichen: Weißer Schnabel und weißes Stirnschild zu schwarzem Gefieder und roten Augen. Auch eine Verhaltensweise ist typisch, das Wasserflattern: Auf der Flucht laufen sie eilig über die Wasseroberfläche.

Blässhuhn
Fulica atra

- **Rallen**
- **G 36 – 38 cm**
- **ganzjährig**

Merkmale

Rundlicher schwarzer Wasservogel mit leuchtend weißem Stirnschild („Blesse“) und weißem Schnabel; schwimmt unter ständigem Kopfnicken auf dem Wasser; Beine schmutzig grün, lange Zehen mit Schwimmlappen.

Den Winter verbringen die **Blässhühner** meist friedlich miteinander. Doch Mitte März lösen sich die Gruppen auf und Brutpaare versuchen, an Teichen mit vielen Wasserpflanzen ein Revier zu ergattern. Bei den Aufteilungskämpfen gehen die Vögel heftig zur Sache. In Revierstreitigkeiten verwickelte Blässhuhn-Männchen drohen zunächst mit scharfen „pix“-Rufen. Dann umschwimmen sich die Rivalen mit gesenktem Kopf und hoch gehaltenen Flügeln. Gibt keiner nach, legen sie sich im Wasser zurück und schlagen sehr heftig mit den Füßen auf den Gegner ein. Schließlich vertreibt der Sieger den Rivalen mit einem lautstarken Lauf übers Wasser. Weithin ist das Geplätscher zu hören. Diese streitbaren Rallen sind sehr zärtliche Eltern und versorgen ihre rotköpfigen Jungen mit pflanzlichen Leckerbissen. Besonders beliebt sind Triebe und Blätter von Schilf. Davon braucht ein Vogel täglich soviel, wie er selbst wiegt.

Bachstelze
Motacilla alba

- Pieper und Stelzen
- G 18 cm
- März – November

Merkmale
Typisch ist ihr sehr langer schwarzer Schwanz; zur Brutzeit Kopfplatte, Kehle und Vorderbrust schwarz; Rücken grau; Stirn, Kopfseiten und Bauch weiß; im Winter mit weißer Kehle und dunklem Brustband.

Sie ruft wie schnelle Scheren klingen

Beim schnellen Trippeln am Boden wippt sie fortwährend mit dem Schwanz. Wenn sie wellenförmig fliegt, ertönt ein scharfes „sisiss" als klappe man schnell eine große Schere auf und zu. Das „Ackermännchen" der Bauern wohnt überall in unserer Nähe.

Die **Bachstelze** lebte schon immer in Menschennähe und hat wohl deshalb viele Volksnamen: Wackelschwanz auf Rügen, Schollenhoppler im Elsass oder Ballerina in Italien. Trippelte sie früher in der Nähe von Gehöften, zeigte sie den Bauern Regen an, auf dem Acker hinter dem Pflug jedoch Sonnenschein. Wir wissen heute, dass Bachstelzen sehr ökonomisch handeln: Sie fressen gern Dungfliegen an Kuhfladen. Bei schnellem Anflug ist ihr Fangerfolg wegen des Überraschungseffektes sehr hoch. Danach nimmt er aber ab, weil die Fliegen sich verteilen. Deshalb bleiben die Bachstelzen durchschnittlich nur 13 Sekunden an einem Dunghaufen und überraschen danach die Fliegen an einem anderen. Gegen Abend gehen Dungfliegen schlafen. Bachstelzen suchen dann Bäche und Flüsse auf, weil abends dort Zuckmücken schwärmen. Um an hochwertiges Eiweiß zu gelangen, sah ich Bachstelzen, die von schwimmenden Halmen aus kleine Fische fingen.

Vom Glück, einen Eisvogel zu sehen

Meist sieht man diesen lebenden Edelstein nur vorbeizischen. Der starengroße Vogel fliegt entlang sauberer Gewässer, deren Ufer von Bäumen gesäumt sind. Doch wenn man ihn fliegen sieht, lohnt Geduld und Warten. Denn jeder Eisvogel hat einen Lieblingsplatz und kehrt dorthin zurück.

Eisvogel
Alcedo atthis

- Rackenvögel
- G 16 – 17 cm
- ganzjährig

Merkmale
Unverwechselbarer Ansitzjäger; Geschlechter gleich; Oberseite glänzend blau und smaragdgrün; Wangen und Unterseite rostfarben; Kehle und Halsseitenfleck weiß; Schnabel lang, dolchförmig.

"Uccello del Paradiso" heißt der **Eisvogel** in Italien. Und wie ein Paradiesvogel wird er seit alters verehrt. Bewundernswert ist auch seine Methode, kleine Fische zu fangen. Geduldig lauert er auf einem Zweig über dem Wasserspiegel. Plötzlich macht sich der Vogel ganz schlank und stürzt sich mit angewinkelten Flügeln kopfüber in die Fluten. Unter Wasser rudert er mit den Flügeln wieder nach oben. Wie ein Korken steigt er zur Oberfläche und kehrt mit dem Fisch im Schnabel auf seinen Sitzplatz zurück. Dann schlägt er seine Beute gegen den Ast und verschluckt sie mit dem Kopf voran. Zur Brutzeit graben sich die Eisvögel eine armdicke Röhre in die senkrechte Uferböschung. Dort spielen die Jungen „Eisvogelkarussell". Wer gefüttert wurde, stellt sich hinten wieder an.

Teichrohrsänger
Acrocephalus scirpaceus

- **Grasmückenartige**
- **G 12 cm**
- **Mai – September**

Merkmale
Häufigster Rohrsänger an schilfbewachsenen Ufern; an seiner heiseren Stimme sicher zu erkennen; Geschlechter gleich; Altvögel oben olivbraun, unten hell; heller Überaugenstreif; langer, dunkler Schnabel.

Wer schwätzt denn da im Schilf?

Gleichmäßig klingt das Gezwitscher aus dem Röhricht. Wer sich geduldig davorstellt, sieht den Schwätzer bald an einem Schilfhalm singend emporklettern. Denn Rohrsänger sind neugierig. Ihren Dauergesang hört man den ganzen Tag und manchmal auch nachts.

Die ökologische Nische ist kein Ort, an dem ein Tier lebt. Dieser Begriff bezeichnet eher den „Beruf" einer Art. Der **Teichrohrsänger** ist von Beruf Schilfhalmkletterer, Insektenfresser, Sänger und Pfahlnestbauer. Dafür hat er besondere Beine. Deren unterer Teil ist stark gestreckt und deren oberer Teil besonders gebeugt. Damit sind Rohrsänger besonders gut an senkrechte Halme angepasst und können sie umklammern. Im Mai flicht das Weibchen Gras um drei Schilfhalme und baut auf dieser Basis ein stabiles Napfnest. Die tragenden Halme und der Nestrand werden sorgfältig mit Spinnweben verwebt. Darin werden drei bis fünf Junge groß, oft auch ein Kuckuck. Im Sommer ist am Schilfrand dann ein lautes Schnarren zu hören. Ein sicheres Zeichen, dass hier Junge im Schilfwald groß werden und durch die Halme klettern.

Der Spatz aus dem Rohr

Auf den ersten Blick wirkt sie wie ein Sperling, der sich in die Verlandungszone von Teichen verirrt hat. Doch dann ruft der Vogel unverwechselbar „zieh", zuckt dabei mit den Flügeln und fächert den Schwanz. Nun ist der Rohrspatz eindeutig als Rohrammer zu erkennen.

Rohrammer
Emberiza schoeniclus

- Ammern
- G 15 – 16 cm
- April – Oktober

Merkmale
Männchen im Brutkleid mit schwarzem Kopf und Kehle, weißem Halsband und Bartstreif; Unterseite grauweiß; Oberseite dunkelbraun mit schwarzen Streifen; Weibchen tarnfarben braun gestreift.

Sumpfiges Gelände, möglichst hohe Wasserpflanzen, eine Schilfzone unterbrochen von Weidengebüsch – das ist das Wohngebiet der **Rohrammer**. Hier sitzt auf erhöhten Warten oft das Männchen mit dem schwarzen Kopf, dem weißen Backenbart und dem schwarzen Latz und zuckt aufgeregt mit den Flügeln. Kurz darauf fliegt es an die Uferlinie und pickt schwimmende Schilfsamen, kleine Krebse und Wasserschnecken auf. Das noch spatzenähnlichere Weibchen sitzt inzwischen auf seinem Bodennest, das häufig in Seggenbülten gebaut wird. Sehr kunstvoll ist es nicht, sondern aus Blattstückchen und Halmen locker zusammengesteckt. Doch innen ist es mit feinsten Hälmchen und Tierhaaren ausgepolstert. Ab Ende April brütet das Weibchen und wird mittags vom Männchen abgelöst. Sie sind die typischen Vögel der Sümpfe und benötigen Feuchtwiesen mit Weiden als Singbüsche.

In Feldern und Wiesen

Laut kreischend folgt ein großer Möwenschwarm dem pflügenden Bauern. Meist sind es Lachmöwen. Was macht ein Küstenvogel auf den Feldern? Schon seit dem Mittelalter zog die Lachmöwe ins Binnenland. Die Teiche und Seen nutzt sie zum Brüten, die Feldflur als nie versiegende Futterquelle. Mit dem Maisanbau nahm die Zahl der Lachmöwen im Land stark zu. Maisfelder liegen zur Brutzeit noch weitgehend brach und bieten Regenwürmer in Hülle und Fülle. Vor allem, wenn sie der Mensch mit technischem Gerät ans Licht befördert.

Die offene Landschaft der Felder und Weiden nutzen viele Vögel, solange noch Ränder als Platz für Wildkräuter bleiben und Hecken schützende Refugien bieten. Rebhühner beispielsweise sind eng an Hecken gebunden. Diese wilden Hühner brauchen Sämereien und Sichtschutz vor Greifvögeln. Einst wanderten sie aus den Steppen Ostasiens bei uns ein und fanden in der Dreifelderwirtschaft krautreiche Lebensräume. Doch ohne Hecken und Ränder wird es schwieriger für sie. Fast melancholisch singt die Goldammer von der Hecke:
Gebt uns mehr Platz
in Feld und Flur.

Rotmilan
Milvus milvus

- Greifvögel
- G 60 – 66 cm
- ganzjährig

Merkmale
Großer Greifvogel mit langen Flügeln und langem, tief gegabeltem Schwanz; Kopf hellgrau; Gefieder überwiegend hellbraun; sein Flug wirkt leicht, er segelt oft, hält dabei die Flügel etwas angehoben.

Kreisen über der Autobahn

Oft steht der rostrote Greifvogel bewegungslos dicht über der Autobahn. Von unten sind der Gabelschwanz und die gewinkelten Flügel gut zu erkennen. Ab März kreist er über alten Eichen- und Buchenwäldern. Diese Gabelweihe ist mit keinem anderen Vogel zu verwechseln.

Quand il crie „huy, huy“, il annonce la pluye. So lautet eine altfranzösische Wetterregel, die erzählt, dass es bald regnet, wenn der **Rotmilan** ruft. Doch nur sein Ruf ist treffend beschrieben. Passender ist schon die Bezeichnung „Gabelweihe“ im Volksmund. Seine tiefe Schwanzkerbe ist typisch für ihn. Der Rotmilan jagt über offenem Gelände, fängt Lachmöwen, Krähen oder Kaninchen. Oft nimmt er auch frisches Aas an und ist deshalb so häufig in Straßennähe zu sehen. Gelegentlich sieht man ihn mit Lumpen im Schnabel fliegen, denn mit Plastik- oder Stoffresten schmückt er gerne seinen Horst. Er baut ihn aus Knüppeln und Zweigen hoch oben in alten Bäumen, vorzugsweise in Eichen und Buchen. Bei uns brütet er häufig in den Laubwäldern des Spessarts, der Rhön und im Spreewald.

Immer auf Mäusejagd

Stundenlang sitzt er geduldig auf dem Baum neben der Straße und wartet. Dann gleitet der Greifvogel herab und fängt eine Maus. Manchmal sieht man ihn schwerfällig in der Luft rütteln und zu Boden stoßen. Und oft ist er sogar zu Fuß auf dem Feld unterwegs.

Mäusebussard
Buteo buteo

- Greifvögel
- G 51 – 57 cm
- ganzjährig

Merkmale

Häufigster Greifvogel Mitteleuropas; Gefiederfarbe immer bräunlich, variiert aber von ganz hell bis ganz dunkel; segelt auf breiten Flügeln, gefingerten Flügelspitzen und gefächertem Schwanz; Geschlechter gleich.

Der **Mäusebussard** hat seinen Namen aus dem Mittelhochdeutschen. Bus-Aar bedeutete damals Katzenadler. Damit beschrieb man den Ruf des Vogels im Flug. Oft klingt es hoch aus dem Himmel „miäh“, als ob eine Katze schreit. Wenn die Vögel in der Thermik segeln, sind die Schwingen ausgebreitet und die Flügelspitzen sehen wie gespreizte Finger aus. Auch der Schwanz ist aufgefächert und rund. Dieses Flugbild ist das sicherste Erkennungszeichen des Bussards. Seine Häufigkeit hängt mit seiner Beute zusammen. 90 Prozent seiner Nahrung sind Mäuse. Beim Brüten ist er anspruchslos. Er baut einen Horst aus Reisig in einen hohen Baum. Jahr für Jahr benutzen die Paare den gleichen Horst und bauen ihn zum riesigen Reisighaufen aus. Im Winter sind hell gefärbte, nordische Mäusebussarde (Foto rechts unten) bei uns zu Gast.

Turmfalke
Falco tinnunculus

- Greifvögel
- G 33 – 39 cm
- ganzjährig

Merkmale

Kleiner Greifvogel mit langen spitzen Flügeln und langem Schwanz; Rücken rotbraun mit schwarzen Flecken; Kopf grau; Schwanz grau mit breiter dunkler Endbinde; rüttelt mit schnellen Flügelschlägen.

Wohnen in der Stadt – Jagen neben der Landstraße

Kirchtürme und andere menschlichen Kunstfelsen sind mittlerweile der bevorzugte Wohnort von Turmfalken. Doch im städtischen Getümmel fallen sie uns kaum auf. Stehen sie jedoch im Rüttelflug am Himmel, sieht sie jeder häufig neben der Straße.

Rütteln, gleiten, steil herunterstoßen und die Maus schlagen. Das sind die Phasen einer erfolgreichen Jagd. Doch das müssen **Turmfalken** erst lernen. Jungfalken wissen mit einer Maus noch nichts anzufangen. Sie müssen den Zugriff üben. Bei der Jagd spielt das Beuteangebot die entscheidende Rolle. Landfalken erbeuten zum größten Teil Wühl- und Feldmäuse, Stadtfalken eher Singvögel, wie eine Studie aus Halle und Leningrad zeigte. Das Männchen ist während der Brutzeit durchschnittlich fünf Stunden pro Tag beschäftigt, sein Weibchen und die zwei bis drei Jungen mit Futter zu versorgen. Danach kann der Terzel zur Ansitzjagd übergehen und sich selbst versorgen. Turmfalken scheuen unsere Nähe nicht. In Jerusalem brüten sie schon in den Blumenkästen vor dem Fenster. Lebensraum und Jagdgebiet sind oft mehrere Kilometer weit voneinander getrennt.

Das wilde Huhn am Heckensaum

Einst war es ein Steppenvogel. Dann entdeckte es unsere kleinräumige Kulturlandschaft mit Feldern, Hecken und Unkrautsäumen. Doch seit wir Äcker zu Großplantagen machten und Hecken abholzen, gerät das Rebhuhn in Not.

Rebhuhn
Perdix perdix

- Feldhühner
- G 29 – 31 cm
- ganzjährig

Merkmale
Kleines graubraunes Huhn mit rostbraunem Kopf; fliegt mit hastigen Flügelschlägen niedrig über dem Boden; kurzer, rotbrauner Schwanz; dunkler, hufeisenförmiger Brustfleck; Weibchen matter gefärbt als das Männchen.

Das **Rebhuhn** ist einer der wenigen Hühnervögel, die bei uns wild leben. Mehrere Rassen gibt es, die sich die unterschiedlichen Lebensräume Europas erschlossen haben. Sprichwörtlich ist seine Balz. Der Rebhahn verteidigt sein Revier erbittert gegen Rivalen. Dann balzt er mit heftigem Kopfnicken und erregt angehobenen Flügeln um seine Henne herum. Die Henne scharrt eine einfache Mulde in den Boden und legt sie mit einigen Federn aus. Bis zu 20 Eier bebrütet sie und zieht später mit ihren quirligen Küken entlang den Kräutersäumen von Hecken. Vom ersten Tag an fressen die Küken allein, müssen sich aber die richtigen Sämereien und Insekten bei der Henne abgucken. Die Familie bleibt bis in den Winter zusammen. Englische Forschungen ergaben: Je weniger Hecken, desto seltener werden Rebhühner. Nur eine reich gegliederte Ackerlandschaft bietet den Rebhühnern ganzjährig Nahrung und Deckung. Denn ein Vogel braucht pro Tag etwa 65 g an Sämereien.

Fasan
Phasianus colchicus

- Hühner
- G 53 – 89 cm
- ganzjährig

Merkmale
Männchen mit metallisch grünem Kopf- und Halsgefieder, roten Hautlappen im Gesicht; langer brauner Schwanz mit dunkler Querbänderung; Weibchen gelbbraun mit dunklen Flecken; Schwanz kürzer.

Geschätzt, gezüchtet und gejagt

Eine verbindliche Beschreibung für den Fasan ist nicht leicht. Viele Kreuzungen sind verwildert, viele gezüchtete Formen werden ausgesetzt. Er ist der Vogel, auf den Jäger schießen mögen. Und er hat sich in unserer Natur erstaunlich gut eingelebt.

Friedrich der Weise, Kurfürst von Sachsen, ließ im 16. Jahrhundert 200 Fasane aussetzen. Diese vermehrten sich und bildeten bald große Populationen. Doch das war nicht die erste Aussetzaktion. Schon die Griechen führten **Fasane** nach Italien ein und mancher weltliche und geistige Machthaber förderte das geschätzte Wildbret. Um 400 v. Christus erzählt Aristophanes, dass dieser fremde Vogel als Braten sehr kostbar war und nur bei den luxuriösesten Gastmählern aufgetischt wurde. Unsere Kulturlandschaft mit ihren abwechslungsreichen Strukturen ist für den Vogel aus Osteuropa wie geschaffen. Neben Deckung bietet sie Abflugmöglichkeiten, Nahrungsnischen und Bäume zum Übernachten. Wie viele Hühnervögel fressen Fasane als Küken Insekten und später erst Sämereien. Mit 12 Tagen können die Küken flattern, nach 12 Wochen bäumen sie das erste Mal zum Schlafen auf. Und können 7 Jahre alt werden.

Die Trompeter von Mecklenburg

Er ist der scheueste und größte heimische Vogel zugleich. Kaum jemand hat ihn je aus der Nähe gesehen. Doch seit der Wende können wir alljährlich ein Schauspiel erleben, das nur Kraniche bieten. Ort des Spektakels sind die Felder rund um den Darß in Mecklenburg-Vorpommern.

Kranich
Grus grus

- **Kraniche**
- **G 110 – 130 cm**
- **März – Oktober**

Merkmale
Scheuer, hochbeiniger Schreitvogel; fällt vor allem durch seine lauten, trompetenden Rufe auf; Gefieder überwiegend grau; Gesicht und Hals schwarz; weiße Streifen an Kopfseiten und Hals; rote Scheitelplatte.

Es ist Ende September. Bevor die **Kraniche** endgültig wegziehen, sammeln sie sich auf den abgeernteten Getreide- und Kartoffeläckern westlich Stralsunds und der mecklenburgischen Seenplatte. Kurz vor der Dämmerung fliegen die Trupps in die seichten Gewässer der Boddenlandschaft zur Übernachtung. Laut trompetend brechen die Vögel in der Morgendämmerung auf und landen auf den Feldern. Majestätisch schreiten sie und sammeln Insekten, Würmer und Schnecken, aber auch Ackerkräuter und Getreidereste auf. Anfang Oktober formieren sie sich zur Keilformation und fliegen mit ausgestrecktem Hals und Beinen Richtung Südwesten. Meist überwintern sie in Südspanien oder Portugal. Auf dem Rückweg im Frühling sind sie wieder dort und balzen. Dann sind hier die berühmten Kranichtänze zu sehen. Dabei zeigt ein Männchen mit schräg aufwärts gehaltenem Schnabel einen „Prahlmarsch".

Kiebitz
Vanellus vanellus

- **Watvögel**
- **G 28 – 31 cm**
- **März – November**

Merkmale
Schwarz-weißer Vogel mit langem, abstehendem Federschopf; auf den dunklen Gefiederpartien der Oberseite ein grünlicher Metallschimmer; Unterseite reinweiß; Flügelunterseite schwarz mit weißer Spitze.

Der Akrobat unter den Vögeln

„Wunderliche Figuren malt der Kiebitz in den Himmel: Wilde Zickzack-Linien, aufsteigend, herabstoßend, sich auf die Seiten hin und herschaukelnd“ schrieb ein Ornithologe 1942. Dabei erzeugt das Männchen mit besonderen Schallfedern peitschende Fluggeräusche.

Nach einer schwedischen Volkssage ist der **Kiebitz** ein verwandeltes Mädchen, das eine Schere stahl. Als es das Vergehen leugnete, wurde es in einen Kiebitz verwandelt und musste von nun an immer rufen „tyvitt – tyvitt“, „ich stahl sie“. In den Niederungen Mitteleuropas wird plattdeutsch gesprochen. Dort heißt der Vogel heute noch Kiwitt, eine lautmalerisch treffende Nachahmung des melancholischen Rufes. Doch der hat beim Balzflug viele Abwandlungen: „Kiuchi“ beim Aufstieg, „wiwi“ beim waagrechten Flug und „wiuchi“ beim Absturz. Nach der Flugbalz dreht das Männchen vor dem Weibchen Mulden in den Boden. Dabei zieht es den Kopf ein und hebt den Oberkörper wie ein Pfau. Wählt ein Weibchen eine Mulde aus, sind die beiden verpaart. Die Jungen (Foto oben) sind Nestflüchter und sehr gut getarnt.

Die kreischenden Kunstflieger

Nur den kleinsten Teil ihres Jahres verbringt sie mit der Brut auf verlandeten Lachen und Teichen. Das restliche Jahr streift sie umher, besucht Müllhalden, übernachtet in Städten oder folgt pflügenden Bauern. Riesige Schwärme sind dann auf den Feldern zu sehen.

Lachmöwe
Larus ridibundus

- Möwen
- G 38 – 42 cm
- ganzjährig

Merkmale
Häufigste Möwe im Binnenland; im Prachtkleid Kopf mit schokoladenbrauner Kapuze und weißem Augenring; im Schlichtkleid Kopf weiß mit dunklem Ohrfleck; spitze Flügel mit weißem Vorderrand.

Wie ökonomisch **Lachmöwen** handeln, lässt sich im Sommer gut verfolgen. Der große Schwarm fliegt nicht blind hinter dem Pflug her, sondern hat sich das Feld aufgeteilt. Sitzend warten die Vögel bis der pflügende Traktor vorbeikommt. Dann stürzen sich die jeweiligen „Abschnittsmöwen“ auf die freigelegten Regenwürmer. Davon verbrauchen sie täglich 150 – 200 g. Ebenso erfolgreich ist ihre Art zu brüten. Lachmöwen nisten in großen Kolonien in der Verlandungszone von Teichen. Dort sind sie sehr wachsam und vertreiben Nesträuber mit großem Geschrei. Eine Rohrweihe hat kaum eine Chance, sich gegen die wild durcheinander fliegende Menge durchzusetzen. Lachmöwen sind äußerst elegante Flieger und manövrieren im Flug sehr geschickt. Sie können sogar die Flugkurve hochgeworfener Brotstückchen erkennen und sie in der Luft auffangen. Diese Fähigkeit stammt davon, dass diese Kunstflieger sogar Insekten in der Luft fangen können.

Feldlerche
Alauda arvensis

- **Lerchen**
- **G 17 – 18 cm**
- **Februar – Oktober**

Merkmale
Häufigste und bekannteste Lerche Mitteleuropas; tarnfarben bräunliches Gefieder; kurzer runder, oft aufgerichteter Schopf; lange spitze Flügel mit weiß gesäumtem Hinterrand; Schwanz mit weißen Außenkanten.

Die Himmelssängerin

Kaum ein anderer Vogel wurde dichterisch mehr verehrt als die Lerche. Schon im Februar ertönen ihre tirilierenden Lieder, die ohne Atempause mehrere Minuten lang aus der kleinen Kehle klingen. Und so ganz nebenbei fliegt der Vogel singend fast lotrecht nach oben weit in den Himmel.

Lerchenland nennt man in Frankreich geringwertiges Ackerland. Denn die **Feldlerche** lebt auf weiträumigen Flächen mit geringem Pflanzenbewuchs. Dort trippelt sie in schnellem Lauf geduckt durch die Ödlandpflanzen und sucht nach Insekten und Spinnen, nach Samen und Grünzeug. Das Nest liegt einfach in einer Bodenmulde unter einem Grasbüschel. Niemals landen die Eltern direkt am Nest, um die drei bis vier Jungen zu füttern. Das wäre zu verräterisch. Oft gehen sie 20 m entfernt nieder und kriechen fast unsichtbar zum Nest. Schon nach wenigen Tagen verlassen die Jungen das Nest. Bei Gefahr drücken sie sich an den Boden und sind dank ihrer Tarnfärbung wie vom Erdboden verschluckt. Nach der Brutzeit sammeln sich Lerchen und ziehen gruppenweise durchs Land.

Die verkleidete Bachstelze

Man glaubt sich versehen zu haben. Alles an diesem Vogel erinnert an eine Bachstelze: Wie er trippelt, wie er wellenförmig fliegt und fortwährend mit dem Schwanz wippt. Nur ist der Vogel nicht schwarz-weiß, sondern unterseits leuchtend gelb. Eben nahe verwandt und doch anders.

Schafstelze
Motacilla flava

- Pieper und Stelzen
- G 17 cm
- April – September

Merkmale

Knicksender Vogel; typisch sein niedriger, wellenförmiger Flug; Männchen mit zitronengelber Unterseite, graugrünen Flügeln, langem, dunkelgrauem Schwanz mit weißen Außenkanten; Weibchen blasser gefärbt.

Ihren Lieblingsplatz, den großen Stein in der Wiese, steuert sie immer wieder an. Ständig ist der Kopf in Bewegung, schaut zur Seite, nach oben, neigt sich und zeigt wieder geradeaus. Dann springt der Vogel hoch, flattert kaum einen Meter hoch auf der Stelle und kehrt mit einer Schnake im Schnabel auf den Stein zurück. Die **Schafstelze** ist ein ausgezeichneter Fliegenfänger und Insekten sind auch ihre Hauptnahrung. Überall, wo es feucht ist, sieht man die Schafstelze jagen und dort, unter einem trockenen Grasbüschel, legt sie auch ihr Bodennest an. Später, wenn sie ihre fünf bis sechs Jungen füttert, vollführt sie bei Störungen ein großes Gezeter. Im Herbst rotten sich die Stelzen zu großen Schwärmen zusammen und wandern gemeinsam über die Sahara ins mittlere Afrika. Das geschieht ziemlich genau Mitte August. Mitte Mai sind sie wieder zurück.

Neuntöter
Lanius collurio

- Würger
- G 17 cm
- Mai – August

Merkmale
Sitzt in aufrechter Haltung auf Hecken; Männchen (Foto oben) mit blaugrauem Scheitel und Nacken, dickem schwarzem Augenstreif, rostbraunem Rücken, rötlich weißer Unterseite und schwarzem Schwanz.

Der Vogel auf der Dornenhecke

Dornig muss der Busch sein und in einer Hecke stehen. Dann sitzt er im Mai auf der höchsten Spitze und schaut nach Beute aus. Plötzlich startet er, holt einen Käfer vom Boden und kehrt auf den Sitzplatz zurück. Der rotbraune Rücken, der graue Oberkopf und die schwarze Augenbinde sind typisch für ihn.

Der **Neuntöter** ist in Deutschland häufig auch als „Dorndreher" bekannt. Dieser althochdeutsche Name bezeichnet die Eigenart des Vogels, Käfer, Hummeln und Heuschrecken oder kleine Mäuse auf Dornen und Stacheln von Sträuchern zu spießen. Diese Verhaltensweise führte auch zu dem Namen „Neuntöter". Möglicherweise ist das eine Vorratshaltung für Regentage. Erstaunlicherweise sind Nestbüsche über viele Jahre besetzt, obwohl Eltern und Jungvögel nachweislich nicht dorthin zurückkehren. Diese Würger müssen Weißdornbüsche am Heckenanfang und Heckenende besonders attraktiv finden. Zum Nestbau schafft das Männchen Nistmaterial herbei, das Weibchen baut allein. Zwölf Tage nach dem Schlupf verlassen die Jungen das Nest und bereits Mitte August ziehen die Neuntöter in das tropische Afrika.

Die Stimmen des Winters

Ihre Rufe sind die Stimmen der kalten Jahreszeit. Dann schallt ihr „kraah-kraah" weit durch die stille Landschaft. Sie wohnen immer in unserer Nähe und sind klassische Kulturfolger. Von der Elbe westwärts besiedeln sie ganz Westeuropa.

Rabenkrähe

Corvus corone corone

- Rabenvögel
- G 47 cm
- ganzjährig

Merkmale

Überall häufige, anpassungsfähige Krähe; ruft heiser „kraah"; einfarbig schwarzes Gefieder; kräftiger, dolchförmiger Schnabel, befiedertes Gesicht; im Flug abgeschnitten wirkender Schwanz.

Die **Rabenkrähe** hat unzähligen Orten zu ihrem Namen verholfen. Rapperswil im Kanton Bern führt eine Krähe im Wappen, Ramstein leitet sich vom mittelhochdeutschen Ram für Rabe ab und Ravensburg heißt ebenso nach diesem Vogel. Bei den Griechen und Römern standen die Vögel als Orakel in hohen Ehren. Und Odin und Wotan wurden wegen ihrer beiden Sendboten Rabengötter genannt. Rabeneltern sind diese Vögel jedoch keineswegs. Das Weibchen brütet zwar allein, doch beide Eltern füttern die Nestlinge fürsorglich. Auch die flüggen Jungen folgen den Alttieren noch lange bettelnd und werden versorgt. Rabenkrähen sind Allesfresser, Insekten und deren Larven, Würmer, Schnecken, Sämereien, Feldfrüchte und auch Abfälle stehen auf ihrem Speisezettel. Diese Strategie ermöglicht ihnen, auch den Winter bei uns zu überstehen. Dann sammeln sie sich jeden Abend in großen Scharen an Schlafplätzen.

Stieglitz
Carduelis carduelis

- Finken
- G 14 cm
- ganzjährig

Merkmale

Ungewöhnlich bunt; schwarz-weißer Kopf mit roter Gesichtsmaske; brauner Rücken; weißer Bürzel; schwarze Flügel mit breiter gelber Binde; Jungvögel ohne die charakteristische Kopfzeichnung.

Er heißt so wie er singt: „Stieglitt“

Zwei Namen hat dieser Vogel: Den lautmalerischen nach seinem Gesang und den anderen nach seinen Vorlieben. Der Distelfink frisst die Samen der Disteln. Und danach wird er in vielen Sprachen benannt: Carduelis lateinisch, cardello italienisch und chardonnert französisch.

Der **Stieglitz** lebt häufig in unseren Siedlungen. Er brütet in Obstanlagen, in der alten Kastanie auf dem Bauernhof und in der Bahnhofsallee. Ein kunstvoller Napfbau aus sehr viel Pappelsamenwolle ist sein Nest. Dort brütet das Weibchen allein, aber beide Eltern füttern gemeinsam. Mal Blattläuse, mal die Fallschirmsamen des Löwenzahn. Danach streunen sie gruppenweise weit herum und zupfen die reifen Samen von Disteln aus den Blütenköpfchen. Dabei hat der Sperber die kleinen Finken im Visier. Mindestens einer im Schwarm muss also wachsam sein. Pro Minute kann ein Stieglitz zwischen 40 und 60 Samen aufnehmen. Diese erfolgreiche Zahl schafft er aber nur, wenn er nicht ständig aufblicken muss. Die beste Mitgliederzahl pro Trupp, so entdeckten Zoologen, liegt bei rund fünf Vögeln. Einer passt auf, die anderen picken. Im Frühling sind oft zehnmal so große Schwärme zu sehen. Dann trennen sie sich in kleinere Trupps.

Wiewiewie hab ich dich lieb

So übersetzt der Volksmund seit langem das melancholische Lied der Landstraße. Der goldgelbe Vogel singt es ab März von den noch kahlen Zweigen der Straßenbäume und bis in den Juli von allen Hecken. Alle zehn Sekunden erklingt dieses Lied.

Goldammer
Emberiza citrinella

- **Ammern**
- **G 16 cm**
- **ganzjährig**

Merkmale

Spatzengroße Ammer mit langem Schwanz; Männchen zur Brutzeit mit auffällig zitronengelbem Kopf, gelber Unterseite und zimtbraunem Bürzel; Weibchen blasser, außerdem an Kopf und Kehle dunkel gestreift.

Von allen Ammern hat sie den leuchtendsten Kopf. Goldgelb mausern sich die Köpfe schon im März, wenn die **Goldammern** noch an die Fütterungen kommen. Dann sieht es aus, als hätten die Männchen kleine Kronen auf. Die Weibchen sind matter gefärbt, aber ihr Bürzel ist ebenso kastanienbraun wie beim Männchen. Goldammern leben von den Pflanzen des Straßenrandes, von den Sämereien, die der Sommer übrig lässt. Auch ihr Nest liegt an Wegrändern und Böschungen und ist am Boden versteckt. Wenn die Goldammern ihre drei bis fünf Jungen großziehen, fliegen sie mitten in die Getreideschläge und suchen am Boden Laufkäfer und Raupen. Sie werden von den Eltern im Kropf sogar vorgeweicht. Und zwischen den Fütterungen singt das Männchen von seiner Singwarte immer wieder unermüdlich „Wiewiewie hab ich dich lieb“.

Bildnachweis

Mit 255 Farbfotos von Adam (S. 28 o., 43 o., 71 o., 72 l.u.), Angermayer/Reinhard (S. 76 u.), Angermayer/Wendl (S. 68 o.), Arndt (S. **8/9**, **37 o.**, **54 o.**, **95 l.u.**), Bender (25 o.), Brandl (S. 15 u., 60 o., 81 u., 87 u.,), Cramm (29 M., 33 u., 72 o.), Danegger (S. 40 u., 58 r.u., 61 l.u., 94 M.), Delpho (S. 49 u., 95 r.u.), Diedrich (S. 25 u., 28 l.u., 76 M.), Dreyer (S. 5), Fischer (S. 11 o., 32 u.), Fünfstück (S. 23 M., 69 u.), Fürst (S. **42 u.**, **65 u.**, **66 u.**, **67 u.**, **74 o.**, **117 o.**, **117 u.**), Giel (S. 65 o., 87 o., 114 u.), Gilliéron (S. 84 u.), Goedelt (S. 18 u.), Groß (S. 34/35, 60 M., 80 l.u., 82 M., 93 u., 103 l.u., 89 u., 109 l.u., 119 l.u.), Grüner (S. 19 u., 51 u., 98 u., 98 M., 104 o., 106/107), Hecker (S. 12 o., 12 M., 30 u., 50 u., 98 o., 118 M.), Hecker/Sauer (S. 75 u.), Hinz (S. 93 o.), Höfer (S. 15 o., 22 o., 45 o., 75 o., 82 o., 89 o., 102 o., 108 o., 119 o.), Hofmann (S. 32 M., 105 o.), Hopf (S. 56, 66 o., 78 o.), Hortig (S. **50 o.**, **59 u.**, **60 u.**, **65 M.**, **67 o.**, **71 u.**, **79 u.**, **82 u.**, **84 o.**, **102 u.**, **103 o.**, **115 u.**, **118 u.**, **121 M.**), Juniors/Danegger (S. 39 o.), Juniors/Kuczka (S 100 u.), Juniors/ Layer (S. 14 M.), Juniors/Schubert (S. **70 l.u.**), Juniors/Schulte (S. **14 u.**), Klees (S. 70 r.u., 73 u., 101 u., 105 u., 112 o., 112 u.), König (S. **4**, **6**, **7**, **37 u.**, **62 u.**), Kuczka (S. 90 M.,) Layer (S. 13 u., 16 u., 31 o.), Limbrunner (S. 24 u., 25 M., 32 o., 9 u., 38 M., 40 o., 55 u., 61 o., 72 r.u., 73 o., 78 M., 83 u., 118 o., 120 u.), Lukasseck (S. 103 r.u.), Meyers (S. 113 o.), Moosrainer (S. 17 o., 18 o., 52, 63 u., 91 o., 97 o., 110 o.), Nill (S. 54 l.u., 108 u., 109 r.u., 110 u.), Partsch (S. 4 o., 94 o., 111 u.), Pott (S. 29 u., 92 u.), Schendel (S. **57 u.**, **108 M.**), Schmidt (S. 36 u., 41 o., 48/49, 57 o., 85 u.), Schulz (S. **17 u.**, **27 o.**, **109 o.**), Schulze (S. 46 u., 91 u., 99 u., 117 u.), Seemann (S. 50 M.), Siegel (S. 47 u.), Silvestris/Danegger (S. 80 r.u., 104 u.), Silvestris/Nill (S. 53 o.), Silvestris/Sohns (S. 69 o.), Silvestris/Wilmshurst (S. 45 u., 86 u.), Silvestris/Wothe (S. 95 o.), Synatzschke (S. 53 u., 58 l.u., 74 u., 77 o., 88/89, 119 r.u., 121 u.), Thielscher (S. 31 u., 36 o., 38 u., 41 u., 44 u., 46 o., 64 o., 77 u., 79 o., 121 o.), Vogt (S. 43 u.), Volmer (S. 23 o., 27 u., 59 o., 92 o., 96 o., 96 u.), von Lossow (S. 55 o.), Weber (S. 14 o.), Wendl (S. 1, 44 o., 47 o., 35 u., 62 o., 64 u., 97 u.), Werle (S. **61 r.u.**, **99 o.**), Wernicke (S. 10 u., 12 u., 13 o., 16 o., 21 o., 23 u., 24 o., 26, 28 r.u., 29 o., 33 o., 94 u., 114 o.), Willner (S. 55 M., 58 o., 100 o.), Wisniewski S. 10 o., 11 M., 11 u., 20, 39 l.u., 68 u., 115 o.), Wothe (S. 19 o., 30 o., 39 r.u., 42 o., 80 o., 81 o., 90 o., 90 u., 101 o., 113 u., 116 o.), Zeininger (S. 22 u., 38 o., 51 o., 54 r.u., 63 o., 70 o., 71 M., 76 o., 78 u., 83 o., 84 M., 85 o., 107 u.,110., 116 u., 120 o.,), Ziesler (S. 21 u) sowie einer Farbzeichnung von S. Walentowitz.

Wir danken der Firma Leica für die freundliche Unterstützung. Die im Bildnachweis halbfett gedruckten Fotos wurden mit Leica-Kameras und Leica-Objektiven aufgenommen. Weitere Produktinformationen erhalten Sie unter www.leica-camera. com.

Umschlaggestaltung von Friedhelm Steinen-Broo, eStudio Calamar, Pau (Spanien) unter Verwendung von vier Farbdias von Giel (Rotkehlchen), Layer (Schleiereule auf der Umschlagrückseite), Limbrunner (Heringsmöwe) und Wendl (Stieglitz, großes Foto auf der Umschlagvorderseite).

Die Deutsche Bibliothek – CIP-Einheitsaufnahme
Ein Titelsatz für diese Publikation ist bei der Deutschen Bibliothek erhältlich

KOSMOS
Postfach 106011
D-70049 Stuttgart
TELEFON +49 (0)711-2191-0
FAX +49 (0)711-2191-422
WEB www.kosmos.de
E-MAIL info@kosmos.de

Gedruckt auf chlorfrei gebleichtem Papier

1. Auflage

ISBN 3-440-09394-8
Lektorat: Bärbel Oftring
Grundlayout: Friedhelm Steinen-Broo, eStudio Calamar, Pau (Spanien)
Produktion: Die Herstellung, Stuttgart, Lilo Pabel
Satz und Herstellung: Die Herstellung, Stuttgart
Reproduktion: Master Image, Singapur
Druck und Bindung: Těšínská Tiskarna, Český Těšin
Printed in Czech Republic /Imprimè en Rèpublique tchèque

KOSMOS

Erlebnis Natur

Vogelbeobachtung rund ums Jahr

Roché/Singer
Alle Vögel sind schon da
ISBN 3-440-08994-0

Barthel/Frieling
Das neue Was fliegt denn da?
ISBN 3-440-08160-5

Jean C. Roché
Die Vogelstimmen Europas auf 4 CDs
ISBN 3-440-08043-9

Rudolf Specht
Unsere Vogelwelt im Jahreslauf

ISBN 3-440-08215-2

Vögel kann man überall beobachten. Dieses Buch zeigt, wo man sie am besten antrifft. Reich bebildert mit interessanten Informationen und vielen Beobachtungstipps rund ums Jahr.

Detlef Singer
Welcher Vogel ist das?

ISBN 3-440-07820-5

Das erste Bestimmungsbuch, das die verschiedenen Kleider der Vögel sowie Flugbilder in brillanten Fotos zeigt. Mit ausführlichen Beschreibungen und einem speziellen Schlüssel zur schnellen Bestimmung.

www.kosmos.de